绿色低碳包装设计

张　健◎主编

新　华　出　版　社

图书在版编目（CIP）数据

绿色低碳包装设计 / 张健主编 .

北京：新华出版社，2025.1.

ISBN 978-7-5166-7473-4

Ⅰ . TB482

中国国家版本馆 CIP 数据核字第 202412DP22 号

绿色低碳包装设计

主编：张　健

出版发行：新华出版社有限责任公司

（北京市石景山区京原路 8 号　邮编：100040）

印刷：天津和萱印刷有限公司

成品尺寸：170mm×240mm　1/16		**印张：**13　　　**字数：**260 千字	
版次：2025 年 1 月第 1 版		**印次：**2025 年 1 月第 1 次印刷	
书号：ISBN 978-7-5166-7473-4		**定价：**78.00 元	

版权所有·侵权必究

如有印刷、装订问题，本公司负责调换。

微店

视频号小店

抖店

京东旗舰店

请加我的企业微信

扫码添加专属客服

微信公众号

喜马拉雅

小红书

淘宝旗舰店

前　言

在当今世界，面对生态环境的日益恶化，国际社会已经达成了一个共识：实施可持续发展战略、积极保护生态环境以及促进人与自然和谐共存不仅是一种追求，更是全人类共同承担的重要任务。这一目标要求全球范围内的各国政府、企业以及每一个个体都必须采取具体而有效的措施，共同努力以达成这一宏伟的目标。

随着21世纪的到来，全球各国和地区纷纷开始重视低碳理念的推广与实施，旨在通过推广低碳经济模式，实现对自然资源的高效率和循环化利用。这种做法不仅可以减轻人类活动对生态环境的负面影响，而且有助于构建一个更加绿色、可持续发展的未来。在这一背景下，各行各业都在积极探索和尝试如何将低碳理念融入日常经营与发展之中，以期最大限度地减少对环境的破坏。

特别是在包装行业，随着全球对环保问题的日益关注，绿色低碳包装设计作为一种创新的设计理念，迅速成为业界关注的焦点。它不仅能有效地解决包装过程中与环境问题相关的挑战，减少包装废弃物对环境的污染，同时也符合现代社会对可持续发展的追求。通过采用低碳、环保的材料，优化设计，减少生产过程中的能耗以及提高产品的可回收性，绿色低碳包装设计为包装行业的可持续发展提供了一条新的路径。

对于包装设计从业者而言，拥抱并推广绿色低碳的设计理念已经成为一种时代的要求，甚至是一种责任和义务。通过深入理解碳达峰、碳中和的重要意义，掌握并实践包装全生命周期中碳减排的有效方法，每一位从业者都可以在推动社会实现"双碳"目标的道路上贡献出自己的一份力量。这不仅有助于提升包装设计从业者自身的专业能力和水平，也体现了对全球生态环境保护事业的积极参与和贡献。

当前，社会各行业的发展都要求重视环境保护、资源回收，包装行业也必须走绿色低碳包装、可持续发展的道路，才能满足环境保护与经济协调发展的要求。基于可持续发展的战略思想，包装设计已逐步从商品承载、保护、运输、储藏，扩展到设计、生产、流通、消费和资源再生的全流程。

　　本书共分为五章。第一章是绿色低碳包装设计概述，分为三节：绿色低碳包装设计的内涵及政策、绿色低碳包装设计的理念、绿色低碳包装设计的框架及应用；第二章为包装材料的绿色化设计，分为纸包装的绿色化设计、塑料包装的绿色化设计、玻璃包装的绿色化设计、金属包装的绿色化设计四节；第三章为绿色低碳包装设计的要素，主要有绿色低碳包装的造型设计、绿色低碳包装的平面元素设计、绿色低碳包装材料肌理设计三部分；第四章为绿色低碳包装设计的方法，包括四部分：绿色低碳包装材料的选择、绿色低碳包装的结构设计、绿色低碳包装的印刷工艺、包装废弃物的回收处理；第五章是绿色低碳包装设计的实践案例，从食品类包装设计、家居生活类包装设计、运输包装设计三个方面进行了论述。

　　在撰写本书的过程中，作者得到了许多专家、学者的帮助和指导，参考了大量的学术文献，在此表示真诚的感谢。本书内容系统全面，论述条理清晰、深入浅出，但由于作者水平有限，书中难免会有疏漏之处，希望广大同行及时指正。

张　健

2023 年 12 月

目 录

第一章 绿色低碳包装设计概述

本章是绿色低碳包装设计概述，主要分为三节展开论述，即绿色低碳包装设计的内涵及政策、绿色低碳包装设计的理念、绿色低碳包装设计的框架及应用。

第一节 绿色低碳包装设计的内涵及政策

一、绿色低碳包装设计的内涵

"包装"这个词在不同的时代有着不同的含义。在战国时期，人们为了纪念屈原，发明出一种独特的食品——粽子。这是古代劳动人民利用生活中的智慧，采用从自然环境中获得的天然材料来包裹食物，体现了功能与形式的完美结合，是早期包装的雏形。

历经多年，包装设计的理解与实践始终依据市场需求与产品推广的要求展开，设计理念着重于强化商品本身及其市场销售。如今，包装不仅体现了产品的价值，精美的包装也容易吸引消费者，但同时也带来了一些问题。尽管包装产业为经济增长做出了重要贡献，但包装过程中大量资源的消耗及随之产生的废弃物，已成为环境面临的严峻挑战。美国《包装》杂志开展的全国民意调查显示，大部分受访者认为，包装引起的环境污染仅次于水污染、海洋及湖泊污染和空气污染，居环境污染源之列的第四位。

大量的包装垃圾威胁着人们的生存环境，因此新的包装技术的研发、包装材料和结构的改进以及资源的回收和再利用问题变得十分重要，绿色低碳包装应运而生。绿色低碳包装理念将包装产品看作保护人类生存环境的重要组成部分，通过使用环境友好、可循环或可再生材料来设计包装产品。这种"绿色设计"理念涵盖了产品的设计、生产、运输、销售、使用及废弃回收等生命周期的每个环节，确保包装设计在每个阶段都考虑到对人类及环境的影响。此设计理念遵循自然生态法则和社会审美标准，采用科学的方法和手段，促使人造产品与自然环境及人文价值和谐共存。它追求的不仅是瞬时的视觉效果，而是提供长期的物质和精神的满足。因此，绿色低碳包装设计既注重环境保护和资源的可持续使用，也遵循可持续发展的策略，强调在包装的设计、制造、使用和废弃处理过程中，实行资源使用最少化、减少资源消耗和最小化污染的生态保护原则。

近十几年来，人们对生态、可持续和绿色低碳包装的关注度越来越高。我国在 1984 年实施环保标识制度，1998 年各省成立了绿色低碳包装协会，相应政策的推出在一定程度上促进了绿色低碳包装的发展。设计师是包装设计的缔造者，因此，从环保的理念出发，设计出节约资源、保护环境的绿色低碳包装是每一位设计师的责任和义务。绿色低碳包装设计应具备以下几个方面的内涵。

（一）实行包装减量化

在保证产品保护、使用便捷性及促进销售的前提下，应力求绿色低碳包装材料用量达到最小，以满足恰当包装的需求。

（二）易于重复利用

通过对包装及其废弃物的重复利用或回收，生产可再次使用的产品，实现资源的有效再利用。

（三）废弃物可降解腐化

为防止生成难以处理的持久性废弃物，无法回收的包装废料应能够被生物降解，并通过堆肥化改善土壤质量。目前，全球主要工业化国家正致力于开发和采用生物降解或光降解技术的包装材料。

（四）对人体和生物无毒无害

理想状况是包装材料不含有任何有害成分，如卤素及重金属。如果存在不可避免的情况，应将其含量控制在安全标准以内。

（五）在包装产品生命周期中，避免造成环境污染和公害

从原材料采集、加工、制造到产品使用、废弃物处理及最终处置等全过程，都应确保不对环境和人体健康产生负面影响。

总之，绿色低碳包装涉及生态环境保护、确保人体健康、与初始设计思想的整合，以及追求自然与简洁设计风格等方面。这些策略共同追求的目标是，通过创新设计，形成一个无污染、有利于人类健康和可持续发展的生态环境。

二、绿色低碳包装设计的政策

随着人们对世界环境危机、资源危机认识的不断深化，可持续发展战略已深入人心，一系列崇尚自然、保护环境的绿色产品相继出现，在世界范围内掀起了一股声势浩大的绿色浪潮。为了顺应绿色低碳包装的发展趋势，以及推动其在全球范围的发展，世界各国相继出台了对绿色低碳包装的法律条文。

我国的包装工业在 20 世纪 80 年代呈现出全面发展的势头，经过 40 多年发展，虽然取得了一定的成绩，但是仍有差距。这其中的短板主要体现在包装设备、包装技术以及设计理念上。

2009 年 11 月 9 日至 10 日，国际标准化组织 ISO/TC122/SC4 包装与环境技术委员会在比利时布鲁塞尔召开了特别会议，中国出口商品包装研究所不仅作为全权成员出席，还肩负起了中国国际秘书处和国内技术对口单位的重要职责。该研究所的参与，体现了其在国际包装标准化领域中的影响力与责任感。2009 年 12 月 10 日至 11 日，国际标准化组织 ISO/TC122/SC4 包装与环境技术委员会在瑞典斯德哥尔摩召开了第一次全体大会。ISO/TC122/SC4 的这次会议，由瑞典标准协会和中国国家标准化管理委员会共同承担联合秘书处工作，其中中国出口商品包装研究所承担了中方的联合秘书处工作。此次大会吸引了中国、瑞典、日本、韩国、美国等 15 个国家的 70 多位代表的积极参与。此次会议上，代表们共同讨论并最终通过了"包装与环境 ISO 标准的使用要求"等七个国际标准提案，这不仅标志着国际包装行业对环境保护认识的提升，也展示了中国在此领域内的积极贡献和领导力。另外，会议也确定了一系列工作安排，包括主席的委任、联络组织的建立以及工作组的设立和分工，以及下次会议安排等，大会共计达成 12 项会议决议。

尤为值得一提的是，大会决定将工作组（WG1）"包装与环境 ISO 标准的使用要求"项目领导人和工作组召集人的职责赋予中国，这既是对中国在包装环保领域工作成果的认可，也是对中国未来在该领域发展的期待。同时，工作组

（WG3）"重复使用"的领导权则由中国和韩国共同承担，显示了国际社会在推进包装重复使用方面的合作意愿。

大会还就在北京举办 2010 年 ISO/TC122/SC4 全体工作组会议的提案进行了讨论，并得到了全体代表的一致通过。这标志着中国将在国际包装标准化工作中发挥更加核心的作用，同时也是对中国包装行业以及相关组织在国际舞台上影响力的肯定。预定会议时间为 2010 年 5 月 31 日至 6 月 4 日，期间将举行工作组会议和全体大会。与此同时，世界包装大会、中国国际包装博览会和国际包装标准化论坛等重要活动也将同期举行，进一步提升了会议的影响力和行业的关注度。

为了进一步推动包装行业的绿色化、减量化和循环化进程，中国政府部门积极出台了一系列政策措施。2018 年，国务院办公厅发布的《国务院办公厅关于推进电子商务与快递物流协同发展的意见》就是其中的典型例子，该政策旨在推广绿色低碳包装，通过制定实施电子商务绿色低碳包装和减量包装标准，推广应用绿色低碳包装技术和材料，促进快递物流包装物的减量化。此外，政府还鼓励开展绿色低碳包装试点。

2021 年，国家发展改革委、生态环境部发布了《国家发展改革委 生态环境部关于印发"十四五"塑料污染治理行动方案的通知》，其内容主要是为响应可持续发展战略并减轻快递产业对环境的压力，当前政策着力于积极推进产品制造与快递包装一体化进程，旨在令商品出厂自带包装即可满足安全运输标准，从而大幅度削减电商商品在寄递阶段所需的二次包装数量，广泛推行电商快件以出厂原包装直接投递的方式。同时，在全国范围内，正深入开展可循环快递包装的规模化应用试点项目，并逐步推广标准化、循环共享的物流周转箱使用机制，以实现包装资源的高效再利用。此外，正加快推进快递包装绿色产品认证制度的全面实施，以对相关产品进行严格认证和把关。同年，中共中央、国务院发布了《国家标准化发展纲要》，推出了建立健全清洁生产标准、不断完善资源循环利用、产品绿色设计、绿色低碳包装和绿色供应链、产业废弃物综合利用等标准。

2022 年 5 月 24 日，市场监管总局发布国家标准《限制商品过度包装要求 食品和化妆品》（GB 23350–2021）第 1 号修改单（以下简称新国标），并于 2022 年 8 月 15 日正式实施。新国标在 2021 年发布的国家标准《限制商品过度包装要求 食品和化妆品》（GB 23350–2021）基础上，对粽子、月饼的过度包装标准进行了进一步修改完善，旨在进一步减少包装层数、压缩包装空隙、降低包装成本。新国标发布后，市场监管总局会同工业和信息化部等有关部门，全方位推动标准宣传和贯彻工作，对相关执法人员进行培训，指导粽子、月饼生产和流通企业尽快执行标准。

第二节　绿色低碳包装设计的理念

经济的发展、科技的进步为人类创造了极其丰富的物质基础，人们享受着这些成果。随着物质文明的不断发展，人们渐渐意识到，高度发达的物质文明是一把双刃剑，它在给人们带来丰富的物质的同时，也破坏了人们赖以生存的环境。

比如，越来越多的人拥有了小汽车，但是这些汽车会产生大量的尾气，对环境造成严重的污染；手机的普及为人们带来了很多便利，但是手机发出的电磁波会对人的大脑产生轻微的辐射作用；大量的工厂产生的污水和废弃物对土壤、河流等造成了严重的污染。工业污染只是环境污染的一部分，一些废弃的产品包装也对环境造成了非常严重的污染。目前，全世界已经意识到这个问题的严重性，逐渐重视起绿色低碳包装，以切实保护好环境。

包装行业也意识到了这个问题，现在很多包装设计都以绿色低碳包装为导向。这对包装行业也是一项挑战，需要包装设计者在对其设计方案进行改进的时候以保护环境为目的，走可循环再利用的创新之路。

一、理念引领绿色低碳包装设计

绿色低碳包装设计具有以下几个特点：可再利用、能耗低、可循环使用、可以降解、使用绿色材料。绿色低碳包装设计中的绿色实际上属于包装文化概念中绿色低碳包装理念，其包括的内容非常广泛，如保护环境、保护生态的意识，人们关注自己身体健康以及生命安全的意识，设计方面的前瞻性思维，舒适、简约、自然的设计哲学。它们都是以保护环境为宗旨，旨在创造一个无污染的生态环境，对人们的身体健康有益，适合人类生存。

因此，在设计绿色低碳包装时，技术上的改变只是一个方面，更重要的是改变人们的思想观念。对于之前那种过于追求改变商品外形独特性的做法，设计者应该摒弃。当设计师以一种极其负责的态度设计产品的形态，采用更简洁、持久的造型使产品的使用寿命尽可能地延长时，他们无论是在物质层面还是在精神层面都为社会的发展做出了卓越的贡献。

二、符号指导绿色低碳包装设计

目前，全世界越来越重视环境保护工作，绝大多数人在购物时都会选择带有环保标识的产品，这些产品都经过了专门机构的认证。比起同种类的产品，这些产品具有节能、降耗、少害、低毒、可回收利用等优点。

在包装装潢的设计中，正确使用绿色标签可以有效地引导消费选择，从而推动环保理念的普及和实践。因此，包装设计的从业人员必须了解、掌握产品应用范围和相关的设计要求。

1978 年中国环境科学学会成立后，1997 年 5 月在其下新成立了绿色包装分会，同时落实了我国采用哪种绿色包装标志的问题。

现在，越来越多的产品包装上都会有一个三角形的三箭头标志，这是目前国际上非常盛行的回收标志，也叫循环再生标志。这个标志除了表示该产品使用了循环再用的材料生产外，还提示消费者认知产品使用循环再用材料的比例，如"100%可再生纸标志"即说明它的材料全部来自循环再用的材料，也是最为环保的材料。

三、绿色低碳包装设计的人本主义

（一）人性化的设计

绿色低碳包装设计中的以人为本是指通过外形、名称、声音、文字设计一种可以使人感到亲切而且有实际意义的事物。

1. 集便利与人性化于一体

日本乳制品企业中排名第一的明治集团，除了严格把控生产流程以保证产品的最优风味外，还不断思考食用者的使用习惯，立志做出最懂消费者的包装设计。设计师铃木启太在超级杯冰激凌勺子的改良上费尽了心思，他针对食用者舀冰激凌时的习惯，精确计算勺子与杯底接触面的最佳角度。通过不断调整，最终呈现的不规则多边形勺能够与冰激凌杯全方位接触，使人们尽享最后一口美味（图 1-2-1 和图 1-2-2）。

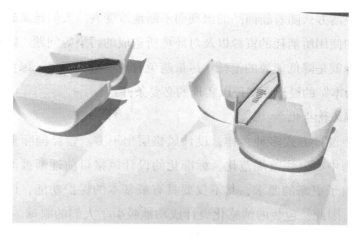

图 1-2-1　明治 Essel 超级杯香草冰激凌包装设计 1

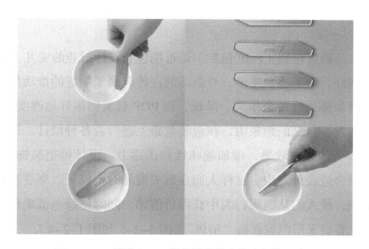

图 1-2-2　明治 Essel 超级杯香草冰激凌包装设计 2

　　设计师必须充分了解现代消费者对产品的包装有什么要求，并以此为基础对产品的包装进行研发，融入一些新的设计理念，设计与消费者理念一致的商品包装，从而最大限度地满足消费者的需求。

　　明确了设计的原则，接下来设计者需要做的就是了解所设计包装的产品的消费群体是哪些，有什么特点，如他们的文化水平、经济能力、生活和消费习惯，以及喜欢的色彩、造型等。在充分了解这些之后，再构思如何定位绿色设计。之所以如此重视绿色低碳包装，是因为它是人性化设计得以实现的最根本的保障。

人们的生活方式随着新商品的出现而不断地改变着。人们越来越重视因商品的包装生产和使用所消耗的资源以及对环境所造成的污染等问题。绿色低碳包装最主要的目标就是降低能源的消耗，尽量避免对环境造成污染。绿色低碳包装设计是"以人为本"的设计原则得以实现的必要条件。

2. 变单调为情感化

现代社会设计方式多种多样，设计风格层出不穷。曾经国际上非常盛行的以"功能"为中心，注重规范化、标准化的设计风格目前逐渐被淘汰。人们对包装设计提出了更高的要求，其不仅要具有最基本的保护功能，设计的形式还要兼具美感。因此，包装的情感化设计成功地吸引了人们的眼球。情感化设计，简而言之就是满足人们的实用需求的同时满足人们的精神需求，将更多的情感的、美感的、文化的因素融入设计之中，以多种多样的面貌来满足不同消费者的需求。

广告式商品销售包装（POP 包装）是近期包装设计行业的宠儿。POP 包装的立体效果特别好，造型也非常多，对商品的宣传起到了很好的推动作用。传统的纸质包装在货架陈列时形象单调、呆板，而 POP 包装则很好地改变了这一状况。设计师尽情地发挥自己的想象力，在包装盒盖上进行着各种设计。通过翻折、盒盖立起形成多变的装饰效果，增加趣味性和诱惑力。设计师把装饰性、智慧性、趣味性等都融合进设计之中，这样人们在购买商品时不仅可以享受视觉美感，还可以增长见识，使人们从购买行为中获得价值感，同时使绿色低碳包装设计具有一种软价值，看似无形但也在被"销售"（图 1-2-3 和图 1-2-4）。

图 1-2-3　POP 包装创意设计

图 1-2-4 "心花怒放"的中秋礼盒

（二）人与自然的和谐关系

1. 反思过去的设计

中国传统包装设计在选材上体现了深厚的生态智慧和环保意识。人们主要依赖自然界提供的丰富资源，诸如纸张、竹片、木材、黏土、陶瓷以及各类植物茎叶等，这些天然材质在传统包装中占据主导地位。但是，过度使用天然材料，其实质是对自然的掠夺，而非绿色低碳包装设计之根本。诚然，这里并不是反对在绿色低碳包装设计中使用天然材料，而是要注意适度使用。究其根源是要创建人与自然的和谐关系。

此外，传统包装设计是粗放型的，它仅考虑包装的功能。包装时以原始状态或简单的加工这两种形态出现，并无设计感。最终包装设计只起到了包装最基本的保护功能，而忽视了包装设计美化和宣传产品的功能，忽视了人类物质上、精神上的双重需求。这种浪费资源、功能少的包装设计形式虽可取得一时的发展，但从长远发展角度看，它浪费了大量地球资源，以牺牲人类赖以生存的自然环境为代价，是不可取的，最终带来的后果必定是剥夺了后代人使用、发展与消费的机会。

2. 总结现在的设计

在中国包装界曾经出现过这样一种评论：一等质量，二等包装，三等价格。其意思是说，中国的商品还算不错，只是包装设计差，因此价格不高，经济受损。

1980 年和 1981 年，中国包装技术协会、中国包装总公司相继成立，旨在发展中国包装工业，对包装实行行业管理。随着生活水平的提高，人们对物质的要求也越来越高，对商品和广告等方面的意识加强，从而使商品的包装设计被重视的程度经历了一个加强的阶段，从开始的不受重视到后来的极其受重视。

就商品的包装设计而言，现在与过去已无法相提并论，现在商品最大的卖点经常不再是商品本身，而是包装设计。从某个方面来说，这也算是一种进步。但是，这也使一些不良的厂家和设计师为保健品、礼品以及一些生活用品设计一些非常豪华和复杂的包装，以期通过这些精美的包装来抬高商品的价格，获取更大的利益。

目前，仍有不少商品存在过度包装的现象，而因此导致的资源浪费规模之大令人震惊。这个现象需要所有设计师正视并深刻反思。

有学者认为，应对过度包装问题，必须采取源头与末端治理相结合的策略。源头治理的核心在于减少包装材料的使用量和限制不必要的包装；而末端治理着重于包装物的回收再利用及其资源化处理。虽然我国已经改变了"一等质量，二等包装，三等价格"的包装格局，但是奢华包装折射出的是社会的浮华，是对环境和资源的忽视。

第三节 绿色低碳包装设计的框架及应用

一、绿色低碳包装设计的框架

为了促进包装的可持续发展，绿色低碳包装设计需要满足以下几点要求。

①有效性：有效地满足包装的功能要求。

②有效率：在其生命周期内高效利用材料、能源和水。

③可循环性：使用可回收和可再生材料。

④安全性：确保对人类和自然环境安全。

（一）有效性

包装的有效性体现在不仅要符合包装的功能性目标，而且要对环境和社会产生最小的影响。

三维度（经济、社会、环境）是衡量"有效"包装的一个很好的指标。如表 1-3-1 所示，是关于包装有效性的三维度的具体阐释。

表 1-3-1　包装有效性的三维度

受益维度	受益情况
经济	减少产品损坏 增加产品销量 符合规定（标签）
社会	方便消费者 无障碍包装（如方便老年消费者开启）
环境	减少产品浪费 减少在供应链中的损耗

首先，包装有效性原则要求设计者：

①演示包装设计是如何"适合目的"的。

②确定包装所提供的经济、社会和环境价值。

③从可持续发展的角度重新审视传统的设计目标，如技术性能、便利性、成本等。

有效包装要满足多项必要的功能，如：

①确保包装物品完好地送达消费者。

②保护包装物品不受振动、热量、气味、光穿透、微生物等的危害。

③易于开启（但不容易偶然打开）且具备防盗功能。

④允许液体倾倒而不泄漏。

⑤使所有产品得到分配。

⑥尽可能方便携带。

⑦使消费品有足够的吸引力，促使顾客购买。

⑧提供有关产品的信息、产品制造商的责任，以及产品处理或使用说明。

包装系统各组成部分及其整体结构应该在整个设计过程中进行功能测试和验证。

其次，一般而言，包装设计企业往往会专注于包装的功能方面，但注重可持续性也许可以开辟新的机会或重新评估包装的作用。例如：

①是否有机会在不依赖包装的情况下防止零售商店被盗？

②包装是否符合目的，但又不是过度设计？

③是否可以通过更有效的设计或使用回收费用低的材料来降低包装的成本？

应用有效性原则应该识别创新机会，包括开发新的产品概念以减少对包装的需求。下面以 KeepCup 咖啡杯为案例来加以说明（图 1-3-1）。可重复使用的 KeepCup 咖啡杯展示了一种新的户外包装思路，其广告语是"世界第一咖啡师标准的可重复使用的杯子"。

图 1-3-1　KeepCup 杯

KeepCup 咖啡杯具有与传统咖啡杯相似的形状，便于在咖啡机上灌装。自 2009 年推出以来，在澳大利亚、美国和欧洲已销售超过一百万个。

通过简化生命周期评估比较 KeepCup 咖啡杯与传统的纸质咖啡杯，在连续每天使用持续 12 个月的情况下，KeepCup 咖啡杯相较于纸质咖啡杯能够降低 97% 的全球变暖潜能，减少 98% 的水使用量，减少 96% 的垃圾填埋量。

最后，无障碍设计正成为社会可持续发展的基本设计要求。包装受关注的问题之一是易开启性。对于包装功能的严格要求（如保护产品、防盗）往往是以牺牲易开启性为代价的。另一个受关注的问题是视力较差的消费者如何阅读标签。

无障碍设计对消费者的健康和安全有许多影响，具体包括以下三个方面的内容。

①与包装有关的伤害：许多伤害发生在人们使用刀具或剪刀打开包装时。

②无法打开包装，从而无法使用产品：患有与关节炎等疾病相关的功能性残疾的消费者有时无法打开包装，这一问题随着西方国家人口老龄化加剧而增加。许多公司如美国金霸王电池公司（Duracell）重新设计包装来满足手部运动受到限制或无力的人群的需求，如 Duracell 推出的助听器电池快换装 EasyTab。

③产品误用的风险：随着人口老龄化程度的加深，标签上的小字可读性差，意味着重要的信息如使用说明、安全警告和处理指南等有时难以识别。

（二）有效率的包装

有效率的包装旨在最小化资源消耗（材料、能源和水）、废物产生和整个生命周期的排放量。

1. 应用生命周期思维

生命周期评价（LCA）表明，最大限度地减少包装、提高供应链效率和使用可再生能源是减少包装对环境影响的三项重要的措施。作为一般指南，将包装重量减少 20% 会相应减少包装对环境的影响。与此相反，回收利用仍有许多问题需要解决，如保护自然资源、在运输和再加工过程中的消耗能源以及产生的废物和排放物等问题。

2. 实现经济与环境双赢

更有效率的包装设计带来的好处包括：

①节约供应链成本，企业可以直接受益，或将好处传递给供应商、客户和消费者。

②减少对材料、能源和水的需求。在某些情况下，人们正以不可持续发展的速度从自然环境中获取这些资源。

③通过构建更有效的供应链，减少必须由自然环境吸收的污染和废物量。

（三）可循环性

循环包装的设计思想是在整个生命周期内要最大限度地回收材料、能量和水。

《从摇篮到摇篮：循环经济设计之探索》一书中指出："在自然界中没有浪费。"[①] 为了减少浪费，包装材料应该设计成为另一个过程的"营养素"。自然和可再生的材料（如木材和纸张）应该成为生物新陈代谢的"营养物质"，如在堆肥等有机过程中得以回收和再利用。而工业制造过程中生产出来的材料（如玻璃和塑料）应该成为技术新陈代谢的"营养物质"，通过工业回收过程如机械（材料）回收进行处理。

1. 以闭环循环利用为目标

闭环循环是将回收的材料经过处理后重新用到原来相同的应用场合，如从包装到包装。如果材料只能够降级使用，那么就是降级循环利用。因此，循环设计的

---

① 麦克唐纳，布朗嘉特.从摇篮到摇篮：循环经济设计之探索 [M].中国 21 世纪议程管理中心，中美可持续发展中心，译.上海：同济大学出版社，2005.

目的是要消除闭环循环的应用障碍，以确保回收的材料可以加工出高价值的材料。

2. 避免代谢之间的交叉污染

根据相关研究，产品设计中存在两种回收机制：一种是生物代谢，如堆肥；另外一种是技术代谢，如工业回收。理想的产品设计应该选择适应其中一种代谢形式，并确保设计的产品属于一个明确的代谢系统，而且不污染其他代谢系统。例如，如果一种可生物降解的塑料购物袋被设计为适合堆肥使用，则不应在传统的塑料回收系统中处理；反之，聚乙烯塑料袋也不应结束于堆肥系统。一家饼干制造商仔细考虑了所有这些因素后，选择了符合国际标准的可生物降解材料，并建议消费者适当处理这些包装材料。

循环包装的好处是节省了大量资源和减少了对环境的影响，因为回收材料取代了生产中使用的大量原生材料。例如，回收铝的能量需求仅为生产原生铝所需能量的 7%，而回收高密度聚乙烯（HDPE）的能量需求仅为生产原生聚乙烯所需能量的 21%。

（四）安全性

包装的安全性是指在整个生命周期中尽可能减少对人类和生态系统带来的健康和安全风险。相比传统的包装设计而言，绿色低碳包装设计要考虑包装对于人类和生态系统健康的更广泛的潜在影响，如：

①种植自然原材料对生态的影响，特别是土地退化和生物多样性损失。

②制造过程污染对生态和健康的影响。

③危险物质迁移到食品和饮料中的风险。

④供应链中的职业健康和安全风险。

⑤包装废弃物对野生动物特别是海洋环境的影响。

1. 生态管理与原材料选择

安全的包装必须考虑原材料对环境和社会的影响，特别是那些来自林业或农业生产的原材料。这通常被称为"生态管理"。以木材、纤维为基础的包装材料和生物聚合物都会对生物多样性和自然生态系统的可持续发展产生影响。例如，林业经营可以减少或破坏原生森林。因此，采购"可再生"材料时需要尽量减少潜在的负面影响，例如，只从获得可持续发展认证的森林中获得纸或纸板原料。

2. 粮食安全与环保包装

还需要关注的是粮食安全问题。例如，要调查将粮食作物（如玉米）转移到制造包装上的影响。下面用利乐公司（Tetra Pak）作为案例来加以说明。

利乐公司自 2006 年以来一直是瑞典森林管理委员会（FSC）的成员。公司的长期目标是使用 FSC 认证的纤维来生产所有液体食品的纸包装盒。2009 年 9 月，利乐公司宣布：将在瑞典、丹麦和比利时等国提供带有 FSC 标志的饮料盒给顾客。而当时，这样的包装盒已经在中国、法国、英国和德国使用（图 1-3-2—图 1-3-4）。

图 1-3-2　利乐包包装设计 1

图 1-3-3　利乐包包装设计 2

图1-3-4 利乐包包装设计3

3. 清洁生产技术的应用

清洁生产旨在通过改变管理方法、生产过程和产品设计来减少制造过程中的浪费和排放。也就是采取预防污染的策略来减少污染物的产生。

包装工业生产过程中产生的污染对环境和人类健康有一系列影响。例如：印刷过程中挥发性有机物的排放会导致地面臭氧污染，造纸过程中的氯漂白废水含有多种有机氯化合物。

因此，安全的包装设计要求：理解整个制造和印刷包装的过程。改变设计规范，尽量使用没有污染的生产工序。

4. 食品包装的安全性验证

食品包装系统必须保护产品的完整性，使消费者的健康不受损害。包装中的一些成分，如双酚A（BPA）和邻苯二甲酸盐可能会少量地迁移到食品中。虽然这些物质对人类健康的影响还存在着科学上的不确定性，但越来越多的证据表明它们具有潜在的毒性，应该尽可能避免使用。根据包装安全的风险管理方法，要求产品包装设计师要做到以下几点：

①详细了解包装中使用的材料和成分。

②从供应商处获得材料安全数据表或其他文件。

③阅读最近发表的关于物质迁移到食品和其他消费品方面的研究报告。

④如果有任何疑虑，向供应商、研究人员和安全部门咨询。

⑤作为预防措施，采取措施取代可能造成健康风险的任何材料或成分。

5. 安全装卸设计与减少包装垃圾

安全的包装设计还需考虑职业健康和供应链中的安全性。例如，在供应链中，必须注意与储存和搬运有关的任何风险。任何需要用尖锐工具打开的包装都存在着对工人或消费者的潜在危害。包装应设计为不必使用尖锐工具即可打开。

包装产品的重量也是一个问题，特别是涉及转移或分发产品的工作。在消费者层面，重量一般不是一个问题；然而容量较大的可重复使用的购物袋在实际使用中可能会超载，这会给收银员处理这些笨重的购物袋带来额外困难。

安全的包装设计还要减少垃圾的产生。包装垃圾对环境和人类健康有广泛的影响，包括：

①对野生动物造成伤害或导致其死亡。

②损坏航海设备。

③影响水道、海滩和其他公共场所的美观。

④对人造成伤害，如碎玻璃导致的割伤。

⑤清理垃圾的费用。

安全的包装设计就是要尽量减少垃圾的发生率或影响。例如，通过最小化可分离组件的数量或发布正确处置垃圾的信息，来减少垃圾的产生。由行业协会或非政府组织发布的垃圾统计数据可以帮助更好地了解哪些产品、包装和品牌经常被乱扔。随后，这些信息可以用来评估企业的包装组合是否属于被乱扔的物品之列，并协助企业改进包装设计。

二、绿色低碳包装设计的应用

（一）绿色低碳包装设计的应用形式

1. 循环模式

在共享循环包装领域，"共享"一词代表了资源共享与分享的理念。这种包装模式有效地解决传统一次性包装无法回收再利用的问题，为制造行业带来了革新性的物流管理方法。这种方法使包装资源管理从传统的独占模式向共享模式转变，实现了环境保护和低碳发展的目标。利用物联网和信息技术，运输过程变得更加透明和智能。共享循环包装融合了全球定位系统（GPS）、射频识别技术

（RFID）、二维码等先进智能传感技术，实现了对商品种类、位置、数量的实时监控和物品追踪。随着社会对环保的日益重视，越来越多的物流和电商平台开始采用共享快递方式。例如，京东的"青流箱"、顺丰的"丰·BOX"及"EPP 循环保温箱"等（图 1-3-5、图 1-3-6、图 1-3-7），它们通过绿色生产、运输、包装及回收利用，不断促进绿色发展战略的实施。这些物流系统采用"一箱一码"的管理方式，实现了包装过程的全程可视化，大幅度提高了共享循环包装的物流和管理效率，推动了包装行业向可持续发展方向前进。共享循环包装设计被认为是一种促进环境保护和资源节约的有效手段。

图 1-3-5　京东的"青流箱"

图 1-3-6　顺丰的"丰·BOX"

图 1-3-7　顺丰的"EPP 循环保温箱"

2. 功能拓展

（1）辅助产品功能

辅助产品功能型包装的创新设计旨在响应"建设健康中国美丽中国"的国家策略。这种设计不仅保障了包装的基本功能——保护产品、便于运输和存储，还通过对包装结构和形式的创新，旨在延长其使用寿命和减轻对环境的负担。从包装设计角度出发，这种设计使包装能够充当产品的辅助配件或工具，提升了包装的附加价值，并促成了产品与包装之间的互动。

①包装的实用性。包装的实用性基于包装与产品的适配性，强调设计中的功能考量。在当代设计哲学中，功能性被视为设计的首要原则，旨在解决包装结构上的问题。例如，跳棋包装（图1-3-8和图1-3-9），包装盒的外形是正六边形，打开方式是以拉伸的形式呈现，巧妙地运用棋盘和棋子两者互补的关系，通过将棋盘设计成棋子包装的一部分，达到了节省的目的，还给消费者使用产品带来了便捷。

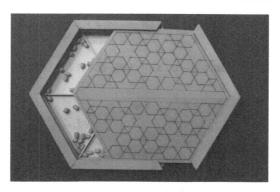

图1-3-8　跳棋包装正面

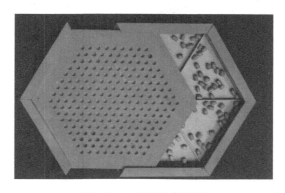

图1-3-9　跳棋包装反面

②包装的便携性。环境友好性与方便性是包装设计关注的重点。由赵世范（Jo Sae Bom）与郑兰（Jeong Lan）设计师团队倾力打造的CUP.FEE咖啡套装概念（图1-3-10到图1-3-12），目的在于提供给消费者易于开启的包装方案。这种创新包装采用防水牛皮纸材质，不仅可以作为咖啡粉的储存袋，亦可充当一次性即饮水杯，从而简化了咖啡的准备流程。消费者只需轻松撕开包装封口，即可加入热水，封口部位还设计有搅拌功能，保证咖啡粉能够充分溶解，极大地提升了使用便利性。

图 1-3-10　CUP.FEE 咖啡套装 1

图 1-3-11　CUP.FEE 咖啡套装 2

图 1-3-12　CUP.FEE 咖啡套装 3

（2）包装独立使用功能

包装在达到使用目的后，还能作为独立产品继续使用，满足了产品的功能性需求并与其特性保持一致，展示了包装本质上的产品价值。这种具有双重功能的包装，不仅满足了消费者的多元化需求，也为绿色低碳包装的发展提供了新方向。

（3）包装功能后续转化

包装的功能转化涵盖了初期与后期两个阶段。在初始阶段，包装的基本作用是保护产品内部内容不受损害。随后，包装能够转换为具有附加值的产品，如百事公司推出的新款哑铃形状可乐瓶（图 1-3-13 到图 1-3-15），兼具美观与实用性。顾客在饮用完内含饮料后，可以将其转换为健身器械，既促进身体健康又补充所需水分，体现了设计上的创新与多功能性。

图 1-3-13　百事可乐哑铃运动饮料瓶 1

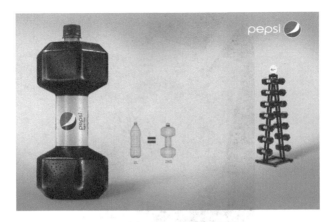

图 1-3-14　百事可乐哑铃运动饮料瓶 2

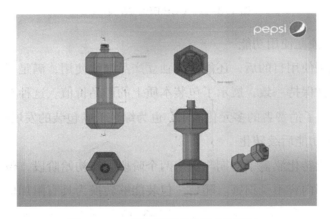

图 1-3-15　百事可乐哑铃运动饮料瓶 3

（二）人文情感在绿色低碳包装设计中的应用

在当前这个物质极为丰富的时代背景下，人们对于精神世界的追求变得尤为重要。随着社会的发展，人们不仅满足于物质生活的丰富，更加重视精神层面的充实。这种趋势在现代包装设计上体现为更加强调以人为本的设计理念。设计师开始从消费者的情感角度出发，通过创新的设计触动他们的情感，使消费者在看到设计作品时，能够联想到个人的记忆，感受到愉悦与温馨，从而在心理上产生强烈的归属感和情感投入。

尽管包装设计在我们的日常生活中随处可见且应用范围极为广泛，但目前许多包装设计依然是以一次性为主，更多地注重包装的便利性和外观的吸引力，而忽略了包装在提升生活品质、实现资源最大化利用方面的重要作用。在这种背景下，原研哉（Kenya Hara）在其著作《设计中的设计》中提出了情感化的绿色低碳包装设计理念，强调设计应该既能触动人们的情感，又能体现对环境的责任感。

1. 面出薰（Kaoru Mende）与火柴

面出薰所设计的火柴独树一帜，充分展现了人与自然和谐共生的理念。他巧妙地利用自然界中原本被忽视的、从树枝上自然脱落的顶端部分，经过精心挑选高质量的树枝，直接在其顶部涂抹上火柴涂层，从而将其转化为日常生活中既熟悉又充满诗意的火源工具。这样的设计不仅是对废弃物的创新利用，更是通过视觉和触觉的艺术转化唤起人们对大自然生命力的敬畏与感慨，仿佛在生命的最后一刻，这些小树权仍能燃烧自我，为我们带来光明，从而倡导人们更加珍爱环境、尊重生命（图 1-3-16 到图 1-3-18）。

图 1-3-16　面出薰设计的火柴 1　　图 1-3-17　面出薰设计的火柴 2

图 1-3-18　面出薰设计的火柴 3

从审美价值上看，该设计作品如同中国画中寓意丰富的红梅，蕴含着含苞待放的生命力，流露出浓厚的人文主义情怀和绿色低碳的生活理念。它让自然界的素材直接走入生活，带来了独特的艺术美感，使人感受到设计师对人文情感的深深关注。在实用价值方面，尽管火柴在日常生活中逐渐被便捷的打火机替代，但这一设计却能在具有特殊意义的日子里如生日、结婚纪念日等焕发出新的魅力。点燃这样的火柴时，能为生活增添了一份别样的仪式感，让人在那一刹那体会到生活的庄重与深远意义，同时，还能嗅到来自大自然的原始气息，这无疑是一种珍贵且独特的用户体验。在环保价值方面，面出薰的设计选择不增加任何工业化的痕迹，也不进行过度加工，而是保持树枝本身的自然状态，仅在其顶端添加火柴涂层，整个制作过程几乎零排放、零污染。火柴使用后，因其源自自然、回归自然的特性，即使不特意进行回收处理，也不会对环境造成负面影响，真正实现了可持续性的生态设计理念。

2. 深泽直人（Naoto Fukasawa）的饮料包装

对于设计师而言，深泽直人的饮料包装项目不仅是一次成功的商业尝试，更是对包装设计领域一种创新和突破的展示。在无印良品的果汁盒包装案例中，深泽直人创造性地将香蕉、草莓和猕猴桃等水果的真实质感与色彩融入包装材质与形态之中，使包装不仅在视觉上模拟了对应水果的特点，更在触觉上提供了高度仿真的体验。这种设计方式让消费者能够在未打开包装之前就能通过视觉和触觉预先感知到内部果汁的天然属性，强化了产品与原生态、无添加概念的联系，从而在消费者心中建立起强烈的品牌认同感和情感共鸣（图1-3-19到图1-3-21）。

图1-3-19　猕猴桃饮料包装

图 1-3-20 香蕉饮料包装　　　　　　　图 1-3-21 草莓饮料包装

他通过将水果的视觉和触觉特征融入包装设计中，创造了一种全新的消费体验，这种体验超越了单纯的视觉审美，触及了更为复杂的情感共鸣。这样的设计不仅能够吸引消费者的注意力，更能在潜移默化中传达出对生活品质的追求和对环境友好的态度。在具体实践上，设计者应遵循多维度思考原则，兼顾五感体验——视觉、触觉、嗅觉、听觉、味觉，确保每一个细节都能触动人心，并在此基础上，始终坚持采用绿色环保、低碳可循环的材料和技术，确保设计在满足情感诉求的同时，也符合可持续发展的要求。此外，深泽直人的设计还启发我们在考虑包装设计时要结合时代背景、文化记忆以及个人情感等多元因素，力求在人文性和绿色性之间找到平衡，以此推动包装设计行业的创新发展，使之更好地服务于社会、环境及消费者的情感需求。

（三）环保材料在绿色低碳包装设计中的应用

1. 利用材料特性紧随包装潮流

在当下社会，人们的环保意识日益增强，在选择产品的时候越来越倾向于那些含有绿色成分、对环境友好的商品。这种趋势要求产品包装设计不仅要追求美观，还要注重材料的环保性，从而符合现代消费者的偏好和社会发展趋势。为了适应这种变化，产品包装的设计理念也在发生着积极的转变。目前，市场上很多产品都采用了纸质材料作为其外包装和手提袋的主要材料，这种做法有效地体现了环保设计的理念。这类纸质包装上通常只印有产品的商标，保留了纸张未经漂白的原色，既简约又不失风格，充分展现了当前的环保趋势。更重要的是，这种包装的设计材料可以重复使用，有效减少了对环境的破坏。采用纸质包装替代传统的塑料包装，一方面显著降低了塑料垃圾的产生，另一方面也有效地缓解了由塑料垃圾引发的各类环境问题。此外，通过对包装材质的创新和优化，可以进一步提升产品的环保性能。例如，对于酒类和茶叶等产品的包装，可以考虑采用竹制材料。竹子作为一种天然的空心植物，不仅可以被加工成用来盛放酒水或茶叶的容器，还带有长寿和健康的寓意（图1-3-22）。这样的包装不仅更加亲近自然，而且在废弃后对环境的污染极小，同时还能保证产品包装的实用性和审美性。

图1-3-22 竹制茶叶包装设计

针对某些特定食品的包装，采用可食用的薄膜作为包装材料是一个创新的选择。这种可食性包装薄膜主要由淀粉、植物纤维、蛋白质等自然材料制成，具备无毒、无味、可直接接触食物等特性。这不仅保证了食品的安全性，还体现了包装设计的创新趋势，为环保做出了新的贡献。通过这样的设计理念和材料的运用，产品包装不仅能够满足现代消费者对环保和时尚的追求，还能在保护环境的同时推动包装行业的可持续发展。

2. 对产品外包装材料进行循环利用

在绿色低碳包装设计的实施过程中，坚守以人为本的设计原则至关重要，同时确保所选用的绿色低碳包装的色彩能够迎合消费者的审美偏好。此类设计应深刻体现对生态友好与绿色环保的承诺，进而有效吸引消费者的注意，彰显绿色环保设计的根本宗旨。在产品外包装材料的选择上，应优先考虑可循环利用及生物可降解材料，从而实现对生态环境的保护。如图1-3-23和图1-3-24所示，这个房屋装修涂料的包装盒，由日本建筑师坂茂（Shigeru Ban）设计，采用可回收的纸材料，材料可循环使用，开封口由一个用麻绳固定的拉盖组成，旨在为客户在开封产品时提供一种新的体验。箱体结构便于携带，其外盒还设计了一些几何图形，增加包装的个性。

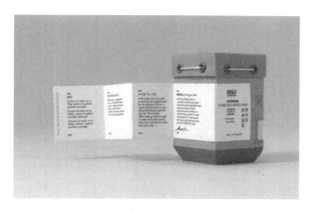

图 1-3-23　房屋装修涂料的包装盒 1

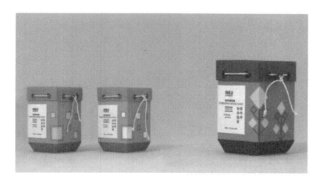

图 1-3-24　房屋装修涂料的包装盒 2

通过选用适宜的包装材料，不仅能够推动材料的循环再利用，还有助于实现环境保护的目标。采纳这样的设计理念，不仅能够更有效地吸引顾客并刺激其购物欲望，同时也顺应了当下的绿色环保发展趋势，成为消费者青睐的包装设计风格之一。

第二章 包装材料的绿色化设计

随着环保意识的增强，人们越来越注重包装材料的环保性能。因此，本章主要论述包装材料的绿色化设计，分为纸包装的绿色化设计、塑料包装的绿色化设计、玻璃包装的绿色化设计、金属包装的绿色化设计四节。

第一节 纸包装的绿色化设计

一、纸包装概述

在众多包装材料中，纸、塑料、玻璃与金属为四大主流选择。其中，纸质包装因其在全球包装市场中占据 40% 至 50% 的比重，而成为最常用的包装形式之一。随着对环境保护重视程度的提升，纸质包装凭借多项优势，正逐渐成为全球包装产业中的重要组成部分，其应用范围和影响力不断扩大。

（一）纸包装的特点

1. 价格低廉、经济节约

在现代包装工业中，纸包装因其成本效益显著而受到广泛青睐。这种成本效益源于纸和纸板原料的广泛可用性及其生产过程的经济性。相较于直接使用木材制作的木箱，纸箱的生产仅需约三分之一的木材，这不仅显著降低了木材资源的消耗，同时也减少了包装的总成本。此外，纸箱的重量大约仅为木箱的 15%，这进一步降低了运输成本。

2. 防护性能优良

纸包装在防护性能方面表现卓越，特别是在缓冲减震和防尘遮光方面。通过采用新工艺和材料，纸箱的结构设计得更为紧密、无缝隙，能有效隔离外界光尘，保护内装物。此外，经过技术创新，纸箱的强度、挺度和防潮能力已经显著提升，使其能在许多应用场合与传统的木箱媲美，满足了更广泛的包装需求。

3. 生产灵活性高

纸及纸板的生产加工具有高度的灵活性，这是其一大优势。它们可以被轻松裁剪、折叠，并且容易通过黏接或钉接等方式加工。这种灵活性使纸包装既适用于高度机械化和自动化的生产线，也适用于小批量甚至手工生产，为满足不同规模的生产需求提供了极大的便利。

4. 储运方便

由于纸质容器本身的物理特性，如质轻和可折叠性，使纸包装在储存和运输过程中显示出极高的便利性。纸质容器的这些特点不仅简化了装载和捆扎的流程，还使得搬运和存储更为简便，显著提升了物流效率。

5. 易于造型和装潢

纸制品在设计和装饰方面的可塑性极高。根据不同商品的特性和市场需求，可以设计出多种多样的箱型和盒型。优良的油墨吸收性使得纸包装在印刷上表现出卓越的性能，不仅文字清晰、图案鲜明，而且颜色持久，大大增强了商品的市场吸引力。

6. 不污染内装物

纸作为包装材料，其卫生无毒、无味的特性对保护内装物至关重要。纸箱可以做到完全密封，有效避免内装物受到污染。此外，纸的透气性也为特定需要"呼吸"的商品提供了理想的储存条件。

7. 回收利用性好

环保特性是纸包装的显著优点之一。纸材料不仅可以直接回收再利用，而且在回收过程中对环境的影响极小。这种环境友好的特性使得纸制品包装成为实现可持续发展目标的理想选择。

纸制品包装因其成本低、防护性能好、生产灵活、便于储运、易于造型和装潢、不污染内容物以及易于回收等特点，越来越受到青睐。随着新技术和新材料的开发，纸制品包装在竞争中不断创新，成为主要的包装材料之一。

（二）纸包装对环境的影响

全球范围内的纸质包装材料消耗量显著，特别是在包装技术领先的国家，纸质包装占包装总量的 50%，在包装产业中扮演着至关重要的角色。其环保属性体现在无毒、无味、具备良好的透气性等方面，这不仅避免了对商品内部的污染，而且有助于保持内装商品的新鲜度，提供了优良的存储条件。纸质包装易于回收和重用，且能在自然条件下迅速分解，大幅降低了对环境的负面影响。其生产原料主要来源于可再生资源如木材和植物茎秆等，进一步突出了纸质包装在环保性方面的优势，使其成为一种符合可持续发展原则的环保包装选择。在全球环境保护意识增强和资源循环再利用需求日益提高的当下，纸质包装因其易于降解、回收与再生的特性展现出更大的潜力，推动了以纸替代塑料和木材的包装产品数量增加，使纸质包装在行业中的使用量不断攀升。

根据产品生命周期理论对纸质包装环保性能的综合评价，尽管生产过程中仍存在挑战，持续改进和有效措施的实施将进一步提升其环境表现。

1. 生产过程对环境的污染

纸制品包装的生产，特别是造纸过程，对环境产生显著影响，涉及大量能源和水资源的消耗以及污染物的排放，这些排放对水域、大气和环境整体造成了深远的负面效应。纸包装所用的纸及纸板均由纤维素构成，这些纤维素存在于树木和其他植物原料之中。造纸过程首要的一步就是制浆，原料可以是木材，也可以是非木纤维（如农副产品纤维）和废纸。化学制浆方法是通过化学药品处理，解除木质素与纤维的结合，分离出纤维素。要用制浆强度高的包装纸与纸板采用硫酸盐法制取化学浆，主要工序是制浆、蒸煮和回收。化学药品的使用导致黑色废水的排放，污染河流和农田，并释放有害气体，对空气质量造成危害。

2. 纸箱纸盒中有毒有害的溶剂型黏合剂

纸箱纸盒行业是黏合剂用量最大的行业之一。最初生产纸箱纸盒采用泡花碱黏合剂，这种黏合剂容易返潮、泛碱，且黏合力弱，使得生产的纸箱纸盒容易变形和褪色，不仅浪费资源，也对环境造成污染。因此，从 1985 年开始，中国禁止使用泡花碱黏合剂，改用淀粉黏合剂。纸箱纸盒在印刷装潢时，为增强视觉效果常采用覆膜技术，该技术在不改变原有色调的同时，提高了印刷品的光泽度和视觉吸引力，并具备防潮、抗污和耐腐蚀等优点，从而有效地保护了产品。覆膜所需的黏合剂主要是溶剂型或乳液型，包括乙烯 - 醋酸乙烯共聚物（EVA）、聚氨酯、聚酯等有机溶剂黏合剂，其中含有的甲苯、醋酸乙酯、溶剂油等有害物质对工人的健康构成威胁，并且对环境造成严重污染，还存在火灾风险。随着保护环境、珍惜资源的理念日益深入人心，更环保更健康的水基纸塑复合黏合剂正在逐步替代传统的有害黏合剂。

二、实施制浆造纸的"清洁生产"

（一）造纸生产过程

1. 制浆

制浆是造纸生产的第一道工序，是从木材、芦苇、稻草等植物中将纤维分离出来的过程。

2. 打浆

纸浆生产完成后，首先进行烧碱漂白和筛选处理，随后根据各种纸浆的具体特性，执行打浆过程。该过程涉及适宜的机械搅拌作业，旨在为纸浆注入不同特性，进而增强纸张形成过程中纤维的相互结合与交错能力。

3. 填充

为改进纸张的质量，使其具有一定的挺度或平整度而在纸浆中加入一定的填料或为获得纸的特定性能而加入一定的填料。如为使纸能导电，就要添加导电炭黑或乙炔炭黑等；如是压敏显色纸，就需要添加压敏显色微胶囊。

4. 显白

在造纸过程中，为达到所需的白度，需要在纸浆中加入一定量的白色染料，必要时还需要添加增白剂。

5. 净化、筛选

净化、筛选是将纸浆送到造纸机上进行成型前的最后一道工序，目的是将纸浆中的杂质、渣子及其他不净之物去除掉，确保纸浆达到生产标准。

6. 滤水、压榨、脱水

合格的纸浆在造纸机网上进行滤水、压榨、脱水处理，直至达到纸张所要求的干度。

7. 压光机处理

纸张制成后，需要进行表面处理以达到所要求的平滑光度。如果生产纸板，则还需将多层湿纸叠合，经压榨脱水干燥，使之黏合成为纸板。厚度在 0.1mm 以上或质量在 200g/m² 以上的称为纸板。

8. 施胶

为使纸或纸板具有更高的质量，平滑、光亮，并具有抗油、抗水特性，则需在压光后再涂布一层胶。

（二）造纸生产的主要污染源

造纸生产最重要的污染是在制浆过程中产生的。制浆通常分为三种方法。

①化学法制浆。通过蒸煮使植物纤维原料在高温下与化学药品发生化学反应，使纤维从原料上分离而制成化学浆，所用化学药品通常是硫酸盐或亚硫酸盐。该方法适用于各种造纸原料。

②机械法制浆。此方法主要用于木材原料，采用机械压刮磨方式，将木材压紧在快速旋转的具有刮刀式沟纹的磨石上进行摩擦，以达到分离纤维而制成纸浆的目的。这种制浆法生产成本低，制浆收率高，制成的纸平滑、柔软，易吸墨，印刷适性好，不透明度高，但强度较低。

③化学机械制浆。这是将上述两种方法结合在一起，形成两段制浆法。第一段，先将植物纤维原料进行化学处理，以松散纤维间的结合力；第二段，再应用机械研磨分离，以得到纤维细长且富于弹性的纸浆。采用此方法制成的成品纸具有良好的物理性能。

我国造纸行业大多采用化学法制浆，主要类型工艺有三类：漂白碱法麦草制浆、本色硫酸盐木浆、漂白硫酸盐木浆。在制浆造纸过程中主要污染源有三种。

1. 煮浆工段废水

煮浆工段排放的废水主要包括碱法煮浆过程中所产生的黑液和酸法煮浆过程中产生的红液。在中国，酸法煮浆技术仅被少数造纸企业采纳，而绝大多数企业使用碱法煮浆技术。碱法煮浆排放的黑液，其主要成分为木质素与碳水化合物的分解产物，其中碳水化合物的分解产物以异变糖酸形式存在，这是导致废水中生化需氧量（BOD）高的关键污染源。酸法煮浆排放的废液同样含有木质素与碳水化合物的分解产物，是废水中化学需氧量（COD）及BOD值升高的主要原因。

2. 含氯漂白废液

在造纸行业中，含氯漂白废水的排放被视为最严重的污染源之一。在我国，大部分造纸厂采用含氯的漂白技术，如氯化漂白和次氯酸盐漂白等。次氯酸盐漂白过程中主要产生三氯甲烷，废水中还含有 40 多种有机氯化物，以各类氯代酚为主，包括二氯代酚、三氯代酚等。

3. 制浆造纸过程废水

造纸过程中其他工段产生的废水，如纸机白水等，统称为中段废水，同样包含多种污染物。若未经处理，这些废水也将对环境构成威胁。通常，这类废水经过恰当的物理处理后便可达到排放标准。此外，采用半封闭循环系统，尽可能将前一工序的废水用于后续工序，有助于减少废水的总排放量。

（三）造纸工业清洁生产的主要环节及指标选取

造纸工业的清洁生产包括三个方面的内容，即清洁的能源、清洁的生产过程和清洁的产品。评价清洁生产也有三个标准：技术、经济、环境。造纸工业推行清洁生产要抓好宣传发动、设计实施、总结提高三个环节。设计实施环节又必须遵循五项原则。

①环境系统的管理措施需全面考虑，以实现综合治理。

②在处理"三废"过程中，必须着眼于废物的全面回收与再利用，并建设相应的末端处理设施。

③考虑到无机物（如重金属）对生物体造成的长期危害，其处理必须彻底。

④在生产活动中，应努力减少有机物的排放量，对于具有危害性的有机物则采用焚烧技术进行处理。

⑤固体废弃物的处理应采取集中管理策略，以此减轻对环境的不良影响。

此外，造纸工业清洁生产指标选取的原则如下：

①从产品生命周期全过程考虑。

②体现污染预防思想。

③容易量化。

④数据易得。

（四）解决制浆造纸污染的主要方法

1. 蒸煮废液的处理

造纸工业的主要污染源集中于化学制浆阶段所排出的蒸煮废液，尤以碱法制浆所产生的黑液及酸法制浆形成的红液为甚。在中国，碱法制浆技术被广泛应用，其中黑液排放占比可高达总污染负荷的 90%。对于处理黑液问题，业内普遍采用碱回收工艺，当前木浆蒸煮黑液的提取效率已达到约 98%，碱回收率可达 95% 的高水平；相比之下，草浆蒸煮黑液处理则相对较弱，提取率仅为约 80%，碱回收率亦徘徊在 70% 左右。黑液处理常规遵循一套严谨的流程，涵盖提取、蒸发浓缩、焚烧转化、净化处理以及白液的有效回收等多个环节，旨在最大限度降低环境污染，并实现资源再利用。尽管如此，鉴于非木浆原料黑液处理的低效性，这一领域仍面临技术提升与优化的巨大挑战。

2. 采用无氯或无元素氯漂白纸浆新技术

在现代造纸工业中，无氯漂白（TCF）和无元素氯漂白（ECF）技术的应用越来越广泛，这两种技术的开发和使用标志着造纸工业在环保和可持续发展方面迈出了重要的步伐。无氯漂白技术，顾名思义，完全不使用含氯的化学物质，而是采用氧气、过氧化氢、臭氧等无氯化合物作为漂白剂，对纸浆进行处理。相比之下，无元素氯漂白技术则选择性地使用二氧化氯作为主要漂白剂。这两种方法都旨在减少传统氯化漂白过程中对环境的污染，同时保证纸浆的质量和纸张的性能。

（1）氧漂白

氧漂白技术是一种环境友好的漂白方法，它利用氧气作为漂白剂，不仅对环境无害，而且在漂白过程中可以显著降低漂白废水的有害物质含量，如 BOD、COD、色度和总有机氯等指标。此外，氧漂白还有助于减少化学药品的使用，提高纸浆的得率。氧漂白过程可以根据纸浆浓度的不同分为高浓度氧漂白和中浓度氧漂白两种。其中，中浓度氧漂白因其相对简单的流程、较低的投资成本和较高的安全性而得到广泛应用。

（2）过氧化氢漂白

过氧化氢漂白是另一种常用的环保漂白技术，它主要用于提高纸浆的白度及其稳定性。过氧化氢不仅可以用于化学浆的多段漂白过程中，以增强漂白效果，还可以用于机械浆的漂白。为了提高过氧化氢的漂白效率和纸浆的白度稳定性，常常会加入硅酸钠、三聚磷酸钠、二乙烯三胺五乙酸、乙二胺四乙酸等化合物作为分解抑制剂或漂白稳定剂。

（3）臭氧漂白

臭氧漂白技术以其强大的脱木质素能力和对环境的友好性成为造纸工业中受

到高度重视的漂白技术之一。臭氧不仅具有出色的漂白效果，还能在漂白过程中极大地减少对环境的污染。它可以作为单一的漂白剂使用，也可以与过氧化氢、氧气等其他漂白剂配合，形成多段漂白流程。这种组合不仅能实现高效的漂白效果，还能进一步降低漂白过程对环境的影响。臭氧漂白技术的另一个优点是其对纸浆的浓度适应性强，无论是中浓度还是高浓度的纸浆，臭氧都能发挥良好的漂白作用。特别是在无氯漂白流程中，如氧—臭氧—过氧化氢—过硫酸盐漂白流程，臭氧漂白不仅能确保纸浆的高白度，还能大幅度减少漂白过程中的环境污染，是造纸工业追求环保和高效的理想选择。

（4）二氧化氯漂白

二氧化氯漂白技术以其优异的漂白性能和较少的环境污染而受到青睐。二氧化氯在漂白过程中能够有选择性地去除木质素，同时对碳水化合物的降解作用小，因此可以在不牺牲纸浆强度的情况下，有效减少漂白废水中的有机卤化物和其他有害物质的排放。这一特性使得二氧化氯成为当前纸浆漂白过程中非常重要的漂白剂。

3. 造纸废水处理

在造纸行业处理废水的过程中，水质及废水的净化是必要步骤，旨在去除各式各样的杂质。这些杂质以其多样的粒度分布存在，可能以胶体形态出现，或在水中悬浮，常见的是在静态水中沉淀的较大颗粒。为有效清除这些污染物，现广泛采用的是高分子絮凝剂，其能够促使污染物沉淀。将化学处理与生物处理相结合，即首先通过添加高分子絮凝剂实现污染物的沉淀，继而引入酶制剂促进发酵与降解过程，能显著增强处理效果。在可以预见的未来，化学与生物处理的结合将成为造纸废水处理的核心技术。结合过滤技术与离心分离技术进行多级处理，能够显著提升废水处理的效率。

三、开发纸包装环保新产品

在追求绿色低碳的包装材料开发中，纸包装由于其卓越的环保性能，成为开发的焦点。基于环境保护与资源合理利用的考量，推动新型纸包装产品的开发及应用范围的扩展，会对环境保护产生积极影响。下面介绍几种主要的纸包装环保新产品。

（一）蜂窝纸板包装箱

蜂窝纸板包装箱技术历经几十年的发展，其起源于在军事领域的创新应用，尤其在超音速飞行器和重型运输机的构造研制中发挥了关键作用，极大地推动了航空制造业的技术革新。二战结束后，这项技术开始向民用领域转移，被用于生产纸基蜂窝状结构的复合材料，服务于更广泛的市场需求。蜂窝纸板技术在欧美等发达国家得到了广泛应用且发展得高度成熟，其具有的轻量化、高强度、良好刚性及卓越的缓冲性能，以及保湿隔热隔音效能等优势，使其在包装、建筑、家具等行业备受青睐。经过特殊处理的蜂窝纸板还能具备阻燃、防潮、防水、防霉、防静电等多种功能特性。自 20 世纪 80 年代末以来，中国也开始自主研发蜂窝纸板技术，并取得了显著成果。国内科研团队通过不懈努力和技术迭代升级，成功推出了第五代乃至第六代专业生产设备，这些设备的投入使用不仅提高了蜂窝纸板的加工精度与成型强度，扩大了应用范围，而且在降低能耗、压缩成本方面迈出了重大步伐，标志着中国在蜂窝纸板产业上步入了世界先进行列。

蜂窝纸板具有资源节省、环保友好的特质，成本效益显著且用途多样，契合全球包装材料朝着可持续方向发展的趋势。因此，蜂窝纸板日益成为替代木材、聚苯乙烯（EPS）塑料等传统包装材料的理想方案，未来市场潜力巨大。

如图 2-1-1 所示，蜂窝纸板的基本结构是由上下两层面纸中间夹持规则排列的蜂窝状纸芯并通过黏合剂黏合成稳固的整体结构，这一独特构造为其优异性能提供了有力支撑。

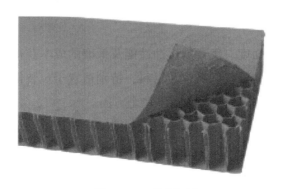

图 2-1-1　蜂窝纸板

蜂窝夹层结构具有突出的抗压和抗弯曲能力，其最显著的特点是以最少的材料实现最大的承载力，即展现出非常高的强度与质量比例，这正是蜂窝状复合材料备受青睐的关键原因。蜂窝纸板具备五项主要技术特性。

①蜂窝夹层结构具备优越的轻量化、低耗材以及经济效益等特性，在强度与质量比上呈现出明显优于其他板材结构的优势。这种结构特性使得蜂窝纸板产品在性价比方面极具竞争力，这也是其在市场上广受欢迎和成功应用的核心原因之一。蜂窝纸板的密度一般为 30—50kg/m³，远低于通用瓦楞纸板的三倍数值，而在同等强度条件下，其材料成本大致相当于重型七层瓦楞纸板的三分之二。

②蜂窝夹层结构具备接近各向同性的力学性能，故在结构稳定性与防止变形方面表现卓越。其强大的耐压和抗弯性能恰好迎合了箱式包装材料对于承载能力和形稳性的苛刻要求。在抗压强度测试中，常规蜂窝纸板的抗压强度较普通瓦楞纸板提升了 5 至 10 倍；而在抗弯强度测试中，蜂窝纸板的抗弯程度则至少超过强化瓦楞纸板 2 至 5 倍。

③得益于内部柔韧纸芯与表层纸张的有机结合，蜂窝纸板展现出了出色的抗冲击性和缓冲能力。尤其是高厚度蜂窝纸板，完全可以替代市面上广泛运用的 EPS 塑料泡沫来作为缓冲材料，有效减少环境污染。

④蜂窝夹层结构内部的小室结构充满了空气，这种独特的构造赋予其优秀的吸声和隔热性能，使得蜂窝纸板在隔音保温方面拥有额外的优点。

⑤蜂窝纸板的绿色环保属性与现代社会推崇的环保理念完美契合。所有构成蜂窝纸板的材料均为可循环再生资源，产品在使用完毕后能够实现 100% 回收再利用。即使最终废弃，蜂窝纸板也能被自然环境顺利降解吸收，堪称理想的环保型包装材料。

蜂窝纸板以其高强度、优良的缓冲性能及低廉的成本获得了广泛的认可，成为一种符合环保要求的绿色低碳包装材料，特别适宜于包装价值高、体积重或易损的物品。该材料的应用主要涵盖以下三个方面。

①大力运输托盘。通过使用厚度更大的蜂窝纸板，可制造出质轻而强度高的运输托盘。这种托盘能够有效地在出口包装与国内物流行业中替代传统木质托盘，既降低了物流成本，也减轻了对森林资源的消耗，对保护生态环境产生了积极作用。

②在重型包装箱的制作上，蜂窝纸板显示了其无可比拟的优势，能够生产出

多层瓦楞纸板难以完成的厚壁包装箱。这种包装箱能完全或部分取代目前广泛使用的木箱，进一步体现了以纸代木的环保理念，节省了森林资源。

③蜂窝纸板还可以被用于制作包装箱内部的内衬和缓冲垫。只需简单的工具，就可以将其裁剪成各种形状，替代了传统的聚苯乙烯泡沫衬垫，有效减少了包装体积和材料的使用量，从而降低了物流成本。在机电、电子电器及仪器仪表等行业，蜂窝纸板已被广泛应用于包装重型产品，如发动机、汽车零件、高压电器，以及电脑、电视机等；还可运输平板玻璃和陶瓷洁具，大大降低了易碎物品的破损率。

蜂窝纸板制品的质量与成型加工设备的技术水平紧密相关，是确保产品品质的重要环节。终端用户在价值链中占据关键位置，对蜂窝纸板的未来发展具有决定性影响。与瓦楞纸板生产相比，蜂窝纸板的加工要求更为严苛，难度更大。尽管瓦楞纸板的多种工艺步骤可通过自动化设备实现，但我国的蜂窝纸板加工技术尚存在不足，生产自动化程度不高，难以保证产品的标准化、多样化。目前，大量蜂窝纸箱和托盘的生产仍依赖手工操作，造成了生产效率低下的情况，难以降低成本，产品质量和性能也难以保障。因此，加快蜂窝纸板成型加工设备技术研发和提高生产自动化水平，成为推动蜂窝纸板行业发展的重要任务。

（二）纸浆模塑制品

纸浆模塑技术被认为是一种革新的三维造纸方法，该方法选用废纸或植物纤维为原料，在模塑设备中通过精制模具制造出具有预定形状的纸质产品。这一技术所产出的商品能够进行回收再利用，对环境保护贡献显著。目前，纸浆模塑技术已被大规模应用于生产各类纸质托盘，用以包装鸡蛋、水果等商品及一次性餐具。尤其值得关注的是，该技术在替换传统的泡沫聚苯乙烯作为运输包装材料方面显示出极大的潜力，成为更新换代的环保和低碳包装解决方案。

纸浆模塑的原料随着制品用途不同而有不同：一次性餐具大量采用一年生草本植物的纤维纸浆作为主要原料；包装产品主要利用回收废纸（包括废报纸、废纸箱、废白边纸等）制得的再生纸浆，或将一年生草本植物纤维与适量的原生纸浆结合作为生产材料（图2-1-2）。

图 2-1-2　常见的纸浆模塑制品

纸浆模塑产品的主要优点有以下几个方面。

①可实现纸质产品的立体成型。

②可以回收使用，如其产品被置于自然环境中，可在很短的时间内被微生物分解，有效地代替发泡塑料制造的一次性餐具和缓冲衬垫，为减少"白色污染"提供了一种有效途径。

③相较于发泡塑料制品，这些产品体积更小，可叠加存放，从而简化了运输过程。

1. 纸浆模塑制品的开发应用

（1）食（药）品包装

在现代社会，伴随着人们健康和环保意识的提升，越来越多的食品和药品开始采用环保的纸模包装方式。这些包装不限于快餐用具，还广泛应用于净菜托盘、方便面碗等产品中，提供了一种既干净卫生又方便的包装解决方案。这种包装材料不仅易于回收再生，减少了对环境的负担，同时也符合现代社会对健康生活方式的追求（图 2-1-3）。在国际餐饮业中，采用这种包装的做法已经变得十分普遍，展示了一种行业内对环境保护和消费者健康的共同关注。

图 2-1-3　用于食品包装的纸浆模塑制品

（2）种植育苗

在农业和园艺行业，纸模技术的应用带来了创新的种植育苗解决方案。众多企业已经开始小批量生产用于种植育苗的纸钵，这些纸钵被园林部门广泛采用，因其在提高植物成活率、节约时间和人力方面的显著优势而受到青睐。特别是在恶劣的自然条件下，如山地和沙漠地区，这些可自行降解的纸钵为植树造林提供了极大的便利，不仅减少了二次移植的需要，还提高了植物的成活率，在环境恢复和绿化项目中展现了巨大潜力。

（3）医用器具

在医疗领域，一次性纸模医用器具的出现，如托盘、痰盂、便盆等，有效解决了传统医疗器具在使用过程中消毒不彻底、容易造成交叉感染的问题。这些一次性使用的纸模产品免去了烦琐的消毒过程，不仅节约了医疗机构的人力资源，还降低了患者之间交叉感染的风险。这些产品在使用后可以直接焚烧处理，且无毒副作用，为医院的医疗废物处理带来了极大的便利。同时，这类医用器具价格适中，易于医疗机构和患者接受，极大地提升了医疗护理的效率和安全性。

（4）电器衬垫

面对国际市场对发泡塑料包装物进口的限制，我国电器生产企业正逐步将产品内衬包装材料从发泡塑料转换为环保的纸模材料。这种转变不仅是对国际环保趋势的响应，也体现了我国制造业环保意识的提升。纸模材料以其良好的可塑性、强大的缓冲力以及环保无污染的特点，成为电器产品包装的理想选择。其生产工艺简单，适应性强，无疑将为提升我国电器产品在国际市场上的竞争力提供强有力的支持。

（5）易碎产品

在包装玻璃、陶瓷和禽蛋等易碎产品时，传统的使用纸屑或草类作为隔垫的做法存在诸多不足，如卫生问题、包装规范性差，以及减震效果不理想等。纸模隔垫的出现，为解决这些问题提供了有效的方案。它们通过简单的制作工艺生产出来，成型后的产品整齐划一，不仅便于包装操作，还能提供优异的缓冲减震能力。这种产品对原材料和生产工艺的要求不高，使得生产成本容易控制，非常适合于大规模生产和应用。因此，纸模隔垫在提升易碎产品包装的卫生标准、规范性以及安全性方面发挥了重要作用。

（6）军火包装

对于军火制品的包装、运输和储存，由于其对冲撞、静电、潮湿和锈蚀等因素的敏感性，要求极为严格和谨慎。纸模材料因其可以被制作成具有中性物质，具备优良的缓冲性、可塑性强、防潮、防锈、防静电的特性，成为军火包装的理想选择。特别是加入了专用助剂后，纸模材料的性能得到进一步提升，使得其应用于弹药、炸药、火药及枪械等物品的包装内衬，不仅能够有效提高包装质量和安全系数，还大大降低了军火管理过程中的潜在风险和损失。通过这种方式，纸模材料的应用不仅提升了军品的包装标准，也为军火的安全运输和储存提供了可靠保障。

2. 纸浆模塑制品的相关研究

当前，人们最关心的是用纸浆模塑制品取代发泡聚苯乙烯做缓冲衬垫，这将是市场最急需、用量大的代替产品。对此，已有专家进行了一些研究和探索。

（1）设计准则

在目前的研究和实践中，尚未形成一套被普遍接受的针对纸浆模塑缓冲衬垫的设计准则。尽管如此，通过对比分析和实验研究，专家们发现，当纸浆模塑制品承受的静态载荷处于 211.1—563.0 kg/m² 的范围内时，其保护效果达到最优。这一发现对于纸浆模塑制品的设计与应用具有重要的参考价值，为其在包装行业的应用提供了科学依据。

（2）开发和制造

开发一个新的纸浆模塑产品，从设计开始到投入生产，通常需要 10 到 15 周的时间。在生产过程中，一个具有代表性的产量数字是，每个工作班次、每个模具可以生产出 2000 件纸浆模塑制品。这一生产效率指标不仅反映了纸浆模塑技术的成熟度，也显示了其在工业生产中的可行性和效益。

（3）运输纸浆

在运输过程中，纸浆模塑制品因其可叠放的特性，相比于其他包装材料如聚苯乙烯发泡材料，能够有效节省空间。虽然纸浆模塑制品的重量相对较重，但是通过合理调整叠放比例，如 3：1 或 4：1，可以显著减少所需的存储空间，从而减少运输成本。

（4）使用回收循环

尽管这些制品本身不能直接重复使用，但可回收碎解后循环使用，循环后的纸浆也可用于纸模制品制造。

（5）模具寿命

理论上，一个简单的模具可以用来生产300万到500万件纸浆模塑制品。然而，在实际应用中，由于多种因素的影响，模具的使用寿命往往会更长，这对于降低生产成本和提高效率具有重要意义。

（6）吸水量

纸浆模塑制品的高吸水性是一个需要特别注意的问题。这种特性在某些条件下可能会导致电子元件，尤其是电线和焊接材料生锈或损坏。因此，在设计纸浆模塑制品时，必须考虑到添加防潮剂以提高其保护性能。同时，设计时还需考虑环境温度和湿度的变化，以确定产品的最佳含水量，避免因过分吸水而导致的软化问题，从而确保产品在承受高静态载荷时的稳定性和保护效果。

（7）冲撞力的传递

纸浆模塑缓冲衬垫在抵抗外部冲撞力方面展现出的性能通常优于传统的泡沫缓冲衬垫。为了进一步降低冲撞力的传递，研究者提出了采用多筋结构设计纸浆模塑制品的方案。这种设计不仅使纸浆模塑制品在结构上与泡沫塑料衬垫形成差异，而且有效提高了其在抵御外部冲击时的性能。通过这种创新设计，纸浆模塑缓冲衬垫能够更有效地分散和吸收冲击力，减少对包装内物品的损害。此外，这种多筋结构设计还增强了纸浆模塑制品的整体稳定性和耐用性，为包装行业提供了一种既环保又高效的新型缓冲保护材料。

（三）瓦楞纸复合板

瓦楞纸复合板是继欧美等国推出蜂窝纸板之后的又一种新型环保材料。该材料以轻质、高强度、抗变形、优良的刚性、卓越的缓冲性能及隔声和隔振效果为特点，获得业界的高度认可。特别值得一提的是，瓦楞纸复合板经过特殊处理后，具备了防火、防潮和防水的属性。可采用回收的废纸、黄纸板、旧瓦楞纸箱为原材料，这些原材料的来源比蜂窝纸板更为充足，不仅可以在使用后被回收再生，还完美地契合了资源循环再生的理念（图2-1-4）。

图 2-1-4　瓦楞纸复合板

在包装行业内，瓦楞纸复合板被广泛应用于各类精密仪器、家用电器、陶瓷制品等的包装箱和衬垫的生产中，同时，还可用于生产多种规格的托盘、缓冲衬垫及航空周转箱等。在建材方面，瓦楞纸复合板可用于制作轻质隔墙、隔声板、隔温板等。该产品的国内第一条生产线已在温州建成使用，产品一经投放市场便受到外贸出口企业的欢迎，应用前景十分光明。

（四）植物纤维制品

近年来，包装界开发了一系列利用天然植物纤维的绿色低碳包装制品，使用的材料包括芦苇、稻草、麦秸、甘蔗渣、糠壳、竹子等。特别是以竹为原料，生产出的竹胶板包装箱和丝捆竹板箱，在机电产品和重型机械包装中得到使用。

在全球禁塑背景下，植物纤维模塑制品的应用前景光明，取材范围也越来越广，从纸张、木材、竹材、甘蔗渣等拓展到各种源自植物硬壳、表皮、茎叶、残渣的新型原料。如图 2-1-5 和图 2-1-6 所示，这个用花生壳做的勺子其实是种子包装，它不仅用来包装一粒种子，还能直接用于将植物种子种到合适的深度。使用完毕后，用户可以把勺子压碎，把它埋入土壤里，就把勺子变成了肥料，为种子提供必需的营养。如果在这个花生壳勺子上加上一个跟种子大小相匹配的凹槽，把种子镶嵌进去，然后再在勺子上加上刻度，让用户准确掌握种子种植的深度，也便于将其折断，同时，在勺子生产过程中加入种子生长需要的养分，让种子更容易发芽长大，使这种生态友好的包装方案更加完善。

图 2-1-5 植物纤维模塑制品

图 2-1-6 植物纤维模塑制品使用过程

（五）一次性餐具专用纸板

中国制浆造纸工业研究所（现为"中国制浆造纸研究院有限公司"）利用国产原生漂白草浆为主要原料开发生产出一次性餐具专用纸板。通过使用能显著提高草浆质量的化学助剂，该研究所成功确保了专用纸板在物理强度上能够满足制造餐具的需求。此外，该纸板还具备抗热水、防渗漏、不易分层及抗油和热封等特性。该专用纸板制作的餐具废弃后可重新还原成漂白纸浆纤维。餐具用毕后只需经纸厂常规设备进行简易的专门处理，即可迅速松解成漂白纸浆，作为二次纤维可重新制造各种书写印刷文化用纸或其他用途的纸及纸板（图 2-1-7）。

图 2-1-7　一次性餐具专用纸板

第二节　塑料包装的绿色化设计

一、塑料包装概述

"塑料是以高分子合成树脂为主要成分，并添加一些助剂、添加剂，在一定条件下塑制成型且在常温下保持形状不变的一种高分子材料。"[①]

在制成塑料制品时，成型加工前需在树脂中添加增塑剂、填充剂、防老化剂、抗氧剂、抗静电剂等助剂及添加剂。其作用是为了改善塑料制品的塑性、物理性能、化学性能、加工性能和降低树脂原料的用量，延长材料的使用寿命。

针对不同塑料制品的具体需求，采取了多种塑料成型加工方法，包括制造薄膜、容器、板材等多种产品形态。在众多的加工方式中，最常用且效果最好的成熟工艺方式有在塑料注射机上注射成型、在塑料挤出机上挤出成型、在塑料吹塑成型机上吹塑薄膜、中空容器成型以及在塑料压延机上压延薄膜式片材。

塑料的强度高、韧性好、相对密度小、耐化学性优良以及易加工成型等特点，使其在国民经济中获得了广泛的应用，成为与金属材料、非金属材料并驾齐驱的三大材料之一。

---

① 柯贤文. 功能性包装材料 [M]. 北京：化学工业出版社，2004.

塑料的优良性能使其特别适用于做包装材料，尤其是在材料性能价格比上超过了所有的包装材料，全球用于包装材料的塑料已占其生产总量的30%，仅次于纸包装。随着高分子合成科学技术及加工工艺的进步与提升，多样化的方法如共聚、共混或改性，已经赋予塑料多种特殊功能，使塑料新材料不断出现，品种繁多，从而在包装上获得了更为广泛的应用。

塑料包装成品呈现多种形态，包括能够加工成不同类型包装袋的塑料薄膜、可编制成手提袋或大型编织袋的塑料纤维、适用于生产各种桶、瓶、包装盒、周转箱及钙塑箱的塑料刚性成型材料，以及用于制造饮料瓶和医药泡罩材料的塑料片材。

作为包装材料，塑料具有轻、便、优、美四个特点。

塑料的密度一般在 $0.92—1.45g/cm^3$，比玻璃的 $2.3—3.0g/cm^3$、金属的 $3—9g/cm^2$ 要低得多。制成同样容积的包装，塑料包装比玻璃容器、铁罐等包装轻。这无疑将增加有效运输质量，节省运输费用。对于个人旅游携带来说，则可以多带一些食物、饮料等。

二、塑料包装减量化

（一）改进包装结构设计，减少废弃物数量

通过结构上的优化设计，日本松下电器成功减少了聚苯乙烯发泡缓冲材料（EPS）的使用量，两年内减少了30%，有效减少了废弃物产生。

（二）选用高强度轻量材料，节约材料资源消耗

通过改变材料配方或开发新型改性塑料，塑料包装产品得以轻量化和薄壁化，既降低了资源消耗，也减少了废弃物产生，减轻了环境的负担。例如，采用高淀粉含量的生物降解塑料或高填充量无机材料的光降解塑料薄膜袋，其淀粉或碳酸钙含量高达30%至51%，从而在保障产品质量的同时节约了30%至51%的聚乙烯原料消耗。

（三）采用共挤压和泡沫材料技术，降低材料用量

应用共挤压技术生产的多层薄膜和薄片，在保证所需性能的同时，能最大限

度地减少材料用量。为实现这一目标，不仅需要深入研究共挤压与拉伸技术的完美结合，还需选用具备优良密封性能和高强度的材料。泡沫材料技术则用于开发轻型材料，适用于制造要求绝热和不易滑动的塑料制品。

（四）反对过分包装，提倡适度包装

一些国家通过舆论大力提倡适度包装，可用可不用包装尽量不用或少用；反对价值比不合理的过分包装，如日本提出了销售包装占商品价值15%的适度包装目标；反对体积比不合理的过分包装，即包装体积比商品本身体积大得多的具有欺骗性的过分包装。

（五）限制使用一次性包装

一次性塑料包装材料，尤其是普遍应用的塑料薄膜"背心袋"，因其大规模消费和难以降解，已成为"白色污染"的主要源头之一。为应对这一问题，全球范围内的众多国家纷纷实施政策来限制一次性包装产品的使用。比如，在法国，已有超过300家超市鼓励消费者循环使用包装或参与物品交换计划。日本、美国、法国和芬兰等国已立法禁止一次性发泡塑料餐具和其他一次性塑料制品的生产和销售。我国多地也已出台类似管控举措，如北京明确规定市场上流通的塑料袋厚度不得低于0.025mm，鼓励商家提供可重复使用的塑料袋，并大力推广布袋作为购物袋的替代品。

三、开发降解塑料

（一）降解塑料的概念

塑料是一种化学结构稳定的高分子聚合物，其在完成包装功能后难以分解，可能需历经200年才能降解，从而长期堆积成为环境污染的源头，俗称"白色污染"。面对此问题，社会大众期望塑料在使用期间能够维持其稳定性和必要的功能性，而在废弃后能迅速降解，化为对环境友好的物质。这一期望促进了可降解塑料的研发。所谓可降解塑料，指的是那些使用后能在短时间内在特定环境条件下显著改变化学结构并自行降解的塑料品种。

降解是指高分子聚合物（如塑料）达到其生命周期的终点。其降解标志着塑

料作为高分子聚合物生命周期的终结，表现为聚合物的相对分子质量降低和物理性质衰减，如变脆、碎裂、软化、硬化或失去力学强度等。普通塑料难于降解，要成为对环境无害化（少害化）的碎片或变成二氧化碳和水，回归自然循环，需经历上百年或更长的时间。但普通塑料也不是完全不能降解，塑料的老化、劣化也是一种降解现象。

降解塑料是一种经过特殊设计的塑料，可能通过添加促进降解功能的助剂或直接合成具有内在降解性能的聚合物，甚至利用可再生的天然原料来制造。这类塑料的关键特性在于，在正常使用期间能够保持原有的性能要求，在进入特定环境条件（如自然环境、堆肥环境、水性环境或厌氧消化环境等）后，能在相对较短的时间内发生显著的化学结构变化，进而导致其物理机械性能、化学稳定性和完整性等方面的衰退，从而实现自我降解，转化为对环境危害较小的产物，如二氧化碳、水以及矿化无机盐等。

降解塑料应具备以下几个基本条件。

①其应用性能和使用寿命需与常用塑料相当或接近。

②能够在完成其功能或达到使用寿命后迅速降解。

③降解过程中产生的以及降解后残留的物质对自然环境应无害或尽量减少危害。

④其成本、效率应与常用的难降解塑料相当。

（二）降解塑料的分类以及应用领域

1.降解塑料的分类

（1）按制造方法分类

①聚合型：合成本身具有降解性能的塑料，生产难度较高，如完全生物降解塑料中的微生物合成型和合成高分子型降解塑料。

②掺和型：也称掺混型，在普通塑料中加入一些促进降解的助剂，如光敏剂、细菌或填充淀粉，合成的塑料属于非完全降解塑料。如我国目前研究与开发较多的淀粉改性（或填充）聚乙烯降解母料，就属于掺和型非完全生物降解塑料。

（2）按降解程度分类

根据塑料的生物降解程度，可将其划分为完全生物降解塑料和非完全生物降解（即破坏性降解）塑料两类。

①完全生物降解塑料在废弃后能够在适宜的环境中快速降解为二氧化碳和

水，是环保领域的理想解决方案。但由于现阶段生产成本较高，且分解过程对环境条件和时间有一定要求，所以这类材料在一次性包装领域的应用较为有限，更多见于医疗卫生器械和高端包装材料行业。随着科技进步和规模化生产的推进，预期其成本将有所下降，有望成为未来行业发展的主流趋势。

②破坏性降解塑料则涵盖了光降解、光/生物联合降解、光/氧/生物协同降解（即环境降解）、光/碳酸钙降解等多种类型，还包括通过淀粉改性或填充与传统塑料（如聚乙烯、聚丙烯、聚氯乙烯、聚苯乙烯）混合制得的产品，以及含有一定比例淀粉的氧/生物降解塑料。这些材料在使用阶段表现出与常规塑料类似的性能，但在特定环境条件下，会在一定时间范围内分解为较小的碎片，虽不能彻底回归为二氧化碳和水，但相较于原始状态，其体积和质量明显减小，生物降解进程相较于传统塑料大幅加快。尽管与天然材料相比较，其降解周期较长，但因成本接近传统塑料，所以更容易被市场接纳。综合考虑资源、经济、技术、市场需求和环保等因素，破坏性降解塑料成为缓解环境污染问题的一种技术可行且经济合理的解决方案。

2. 降解塑料的应用领域

降解塑料的适用范围已被明确界定，其中完全生物降解塑料尤其适于医疗及相关医用场景。鉴于环保考量，这类塑料特别适用于那些产量大、分布广、不易清洁回收且环境影响较大的一次性塑料产品，如一次性塑料袋和农用地膜等，在使用寿命终结时能相对快速、安全地降解。降解塑料适用的领域可归纳为如下两类。

（1）在自然环境中应用的领域

①农林水产行业的各类耗材，如农用地膜、育苗容器、农药缓释包装、钓鱼线、渔网、鱼饵容器等。

②在山区或海域等复杂环境中使用的土木工程材料，如型材骨架、防水卷材、生态护坡网等。

③针对户外运动和文化体育活动定制的一次性产品，包括高尔夫球座、水上运动器材和登山用具等。

（2）有利于堆肥化的领域

①食品包装与容器，如食品包装膜、食品容器、生鲜食品托盘、餐盒等。

②卫生护理产品，如纸尿裤、女性卫生用品等。

③日用品、杂货类：垃圾袋、桌布、手套、瓶盖等。

近几年，欧美等国将生物降解塑料与传统的堆肥化方法相结合，用以处理大规模固体废弃物和生活垃圾，取得了很好的效果。随着填埋和焚烧处置城市垃圾方式逐步被淘汰，堆肥化处理的重要性日益凸显，这也成为降解塑料使用的一个重要方面。欧洲国家已设立法规明令禁止将厨余垃圾、庭院枝叶等有机废物送往垃圾填埋场或焚烧厂，而是强制要求通过堆肥化方式进行处理，且用于收集这些垃圾的塑料袋必须具备生物降解性能。采用完全生物降解塑料垃圾袋收集厨余垃圾和庭院废弃物，并经堆肥化处理转化成的肥料既满足国际标准，也在实际运用中验证了其实效性。但完全生物降解塑料垃圾袋价格高昂，难以被市场接受。我国最近研发的一款新型聚乙烯塑料垃圾袋，其成分中包含50%高淀粉，确保了与传统塑料垃圾袋相当的强度，且定价策略较为亲民。尽管这款塑料袋并非完全生物降解产品，但其降解速度相对更快。依据堆肥化实验数据，该薄膜袋内添加了低温热氧化剂，在垃圾填埋场中掩埋约一个月后，会经历霉变过程，并最终破裂成粉末状。中国农业科学院土肥研究所跟踪调查结果表明，不完全降解（破坏性）的光降解或生物降解薄膜制成的农田地膜只要碎裂成 $16cm^2$ 以下的碎片，对土壤的理化性能以及农作物生长均不会造成不良影响。

（三）降解塑料的降解机制

1. 光降解塑料

光降解塑料是在普通或改性的塑料中加入特定的光敏剂促进其降解的塑料。这些光敏剂一般是某些过渡金属化合物，如硬脂酸铁、乙酰丙酮铁等。有些情况下还会加入自氧化剂，这一创新有助于增强塑料在阳光照射条件下的降解性能。通过融合光敏剂，这些材料得以高效捕获太阳光中的紫外线能量，引发光化学反应，进而引起塑料内部的高分子链结构发生断裂，形成更小的分子碎片，从而使塑料降解。其降解速度与加入的光敏剂的种类及用量有关。

2. 生物降解塑料

生物降解塑料是在自然界存在的微生物（如细菌、霉菌和藻类）的作用下发生降解的塑料。根据制备材料的方法，可以分为微生物合成型降解塑料、合成高分子型降解塑料、掺和型降解塑料三类。

微生物合成型降解塑料通过用葡萄糖或淀粉对微生物进行喂养，使其在体内吸收并发酵合成出微生物多糖和微生物聚酯两类高分子，它们都具有生物降解特性，可以百分之百降解，能做成性能良好、杨氏模量高达38GPa的薄膜。微生物合成型降解塑料的最大优点是能在垃圾和土壤中微生物酶的作用下迅速分解，其分解物可作为微生物的营养源。

合成高分子型降解塑料采用能被微生物吞食的有机小分子经合成形成可降解的高分子物质。合成包括两个步骤：首先，在初始阶段，通过优化发酵技术，以经济高效的方式产出如氨基酸、糖类聚酯等基础生物降解原料；其次，运用先进的合成工艺将这些基础原料转化为能够被微生物有效降解的高分子化合物。

掺和型降解塑料的研发则集中于将一定比例的生物降解物质与传统塑料相结合，通过特殊的混合加工技术，使得最终产品具备生物降解性能。这一类型的降解塑料大致可细分为三类：第一类是将源自自然界的废弃物，如麦秆、稻草、玉米秸秆、甘蔗残渣、坚果壳屑或海洋贝壳粉末等，作为填充料融入普通塑料之中，以提高塑料的生物降解属性；第二类是将淀粉类物质填充于塑料中，使其具有霉化和生物降解性，这种降解塑料废弃后3—4个月即可降解；第三类是由天然纤维与天然淀粉掺和形成完全降解的材料，可作为牲畜的好饲料。

3. 光/生物联合降解塑料

光/生物联合降解塑料是在普通塑料中掺和含有生物降解剂淀粉和能诱发光化学反应的可控光降解的光敏剂，因而能在光和生物双重作用下产生协同降解效果。

4. 其他降解塑料

氧化降解塑料和水解降解塑料均通过化学途径降解，前者由氧化作用引起降解，后者由水解作用引起降解。

四、开发塑料包装环保新产品

在全球环保大潮冲击下，塑料包装绿色化工作已取得可喜的进展，除了开发出各类可降解塑料以外，还研制出若干环保新产品，下面逐一进行介绍。

（一）水溶性塑料包装薄膜

水溶性塑料包装薄膜作为一种创新型环保低碳包装材料，已在欧美、日本等地广泛应用，服务于多种产品的包装需求，具体包括农药、化肥、颜料、染料、各类清洁制剂、水处理化学品、矿物质添加剂、各种洗涤剂（图 2-2-1）、混凝土改良剂、摄影化学品以及园艺保养化学品等。液体洗涤剂的应用取决于使用聚乙烯醇（PVA）水溶薄膜包装来提供单位剂量的液体洗涤剂产品的原理。液体洗涤剂成分的活性浓缩物包装在 PVA 水溶薄膜中。PVA 水溶薄膜的配方使其与液体洗涤剂相容，以实现包装、运输、储存和使用的目的。

图 2-2-1　液体洗涤剂

1. 水溶性塑料包装薄膜的特点

①其设计上的显著优势在于完全可降解性，最终产物仅是二氧化碳和水，这一特性从根本上解决了包装废弃物处理难题，符合可持续发展的环保要求。

②在安全性与便捷性方面表现出色，这种薄膜有效防止用户直接接触潜在有害物质，尤其适用于封装对人体健康有害的产品，提供了额外的安全防护层。

③具备出色的力学性能，不仅韧性良好，而且支持高效的热封工艺，热封后的强度极高，保证了包装的整体密封性和稳定性。

④创新地融入了防伪功能，成为保护高端产品质量和维护品牌信誉的重要屏障，有利于延长产品的市场生命周期。

该薄膜的核心原料采用低醇解度聚乙烯醇，并结合天然淀粉，充分利用聚乙烯醇卓越的成膜性、水溶性以及自然降解性，添加各种助剂，所添加的助剂均为碳、氢、氧化合物，且无毒，它们能够在不引发化学反应的前提下与聚乙烯醇溶液相互作用，实现物理溶解，从而保持聚乙烯醇和淀粉原有化学特性的稳定。鉴于其卓越的环保属性和生态友好性，水溶性塑料包装薄膜已在多个国家和地区获得了环保权威机构的认可，被誉为新一代绿色环保包装材料典范。

2. 水溶性塑料包装薄膜的性能

（1）含水量

水溶性塑料包装薄膜通常采用聚乙烯（PE）塑料，这是因为PE塑料可以有效地保持薄膜内部的特定含水量不受外界环境的影响。这种包装方式确保了水溶性塑料包装薄膜的性能稳定。然而，一旦这些薄膜被从PE包装中取出，其含水量就会开始根据周围环境的温度和湿度进行调整，直到与环境达到一个平衡状态（表2-2-1）。

表2-2-1　温度为20℃情况下水溶性塑料包装薄膜含水量变化

湿度	45%RH	65%RH	80%RH
含水量	4%—6%	8%—9%	11%—13%

（2）防静电性

水溶性塑料包装薄膜由特定的材料组成，因此具备显著的防静电特性。这种特性使得水溶性塑料包装薄膜在包装过程中能够有效避免因静电积累而可能引发的负面效应，如可塑性降低或吸附尘埃。

（3）水分及气体透过率

水溶性塑料包装薄膜对特定气体和水分的透过性具有差异：对水分和氨气的透过率较高，意味着它能够允许这些物质穿透；而对于氧气、氮气、氢气以及二氧化碳等气体，则展现出良好的阻隔性能。这种性能的组合使得水溶性塑料包装薄膜成为保护被包装产品成分及其原有气味的理想选择。

（4）热封性

水溶性塑料包装薄膜展现出的热封性优势，使其适用于多种热封技术，包括电阻热封和高频热封等。

（5）印刷性能

水溶性塑料包装薄膜的表面适合进行各种常规的印刷工艺，能够保证印刷内容的清晰度和顺畅度，展现出良好的印刷性能。

（6）耐油性、耐化学药品性

水溶性塑料包装薄膜对各种油类（包括植物油、动物油和矿物油）以及脂肪、有机溶剂和碳水化合物展示出了良好的耐性，但它对强碱、强酸、氯自由基以及能与其主要成分PVA发生化学反应的物质（如硼砂、硼酸和某些染料等）的耐性较弱。因此，当考虑使用水溶性塑料包装薄膜进行产品包装时，需要避免这些会引起化学反应的物质，以保持包装材料的完整性和安全性。

（7）水溶性

水溶性塑料包装薄膜的核心特性是其水溶性，这种溶解性质与薄膜的厚度和环境温度密切相关。以 25 μm 厚的薄膜为例，其溶解性能在特定条件下得到了详细的说明，如表 2-2-2 所示。

表 2-2-2　水溶性塑料包装薄膜（25 μm）的水溶性数据

温度 /℃	20	30	40
溶解时间 /s	65—80	45—50	25—30

这种独特的溶解特性使得水溶性塑料包装薄膜在多个领域得到了广泛应用，尤其是在需要在水中快速溶解薄膜以释放包装内产品性能的场合。此外，水溶性塑料包装薄膜还可适配特殊的印刷技术，如陶瓷和电器外壳的异型面商标和图案水转移印刷，以及在 40℃以下的条件下，用于服装和纺织品的包装，展现了其在工业和日常生活中的多样化应用特性。此外，水溶性塑料包装薄膜还在种子袋等农业应用中发挥着重要作用，提供了一种环保和便捷的解决方案，促进了可持续农业的发展。

（二）木塑复合材料

在开发绿色低碳包装材料方面，代木包装材料已成为市场需求的重点。木塑复合材料就是一种国外开发成功、我国正在研制开发的新型代木包装材料（图 2-2-2）。

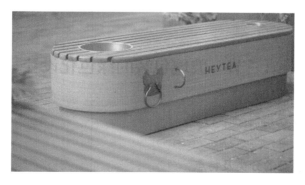

图 2-2-2　木塑复合材料制作的座椅

木塑复合材料巧妙融合了木纤维（涵盖木粉及植物纤维）与热塑性塑料（如

聚丙烯），通过挤出成型工艺，制成多元化板材、型材等产品，以期替代传统的木材和塑料。该材料利用回收的植物纤维、废木粉及塑料废弃物作为原料，既降低了对生态环境的影响，又提升了资源利用率。因此，木塑复合材料被广泛认为是一种践行可持续发展理念的环保包装选择。

此材料集多种优势于一体：轻巧、稳定性强、耐高温性能优、易加工且便于回收再利用。同时，因其保留了天然木材的外观特征，故在市场上广受欢迎，赞誉颇丰。木塑复合材料加工中的关键技术是黏合剂选择与挤出成型加工。国内已有一些高校、研究所正在研制开发。这是一项有前途、值得重视开发的环保材料项目。

（三）合成纸

合成纸，又称聚合物纸或塑料纸，其基础原料选取了多元化的合成树脂，诸如聚乙烯、聚丙烯、聚苯乙烯、聚酰胺等高性能聚合物。这些树脂在高温条件下经历熔融、挤压并拉伸成薄膜的过程，随后通过一系列精密定制的工艺处理，使其获得类似纸张的质感和性能，如白度、不透明性、黏合性等。

合成纸的外观与天然纸十分相似，可用于制作购物袋、标签、广告等。由于它完全不用天然纤维，在天然纤维纸浆资源有限，尤其是我国木材资源贫乏的条件下，对它进行开发生产就具有特别重要的意义。日本在合成纸开发领域处于领先地位。

我们可以通过以下三种途径制造出合成纸。

①应用特殊工艺使合成树脂具有纸张特性，并通过成膜处理得到合成纸。
②通过对塑料薄膜的后期加工，使其拥有纸张属性，进而生产出合成纸。
③使用合成纸浆，在抄纸机上进行生产，制造出合成纸。

第三节　玻璃包装的绿色化设计

一、玻璃包装概述

（一）玻璃包装的分类及特点

1. 玻璃包装的分类

玻璃包装通常被称为玻璃瓶，可按如下方式分类。

①按制造方法可分为模制瓶及管制瓶。

②按包装的商品可分为食品瓶、药瓶、化妆品瓶和文教用品瓶等。

③按使用次数可分为一次用瓶和复用（回收）瓶。

④按瓶口内径大小可分为安瓿和瓶罐，瓶罐又分为大口瓶和小口瓶。

2. 玻璃包装的特点

玻璃包装和其他类似包装相比，具有以下几种特点。

①玻璃容器因其透明质地，能够清晰展示内部商品，有效地发挥了商品展示作用。

②其卓越的化学稳定性，使其成为封装食品、易腐物品、化学试剂及药品等的优选材料，有效防止因包装材料而引发的商品变质问题。

③玻璃容器的造型可变、色彩丰富，不仅能起到装饰和避光作用，还可以通过丝网印刷、喷涂色膜、酸蚀霜化等加工技术，增添其外观的吸引力。

④可回收复用，如啤酒瓶、汽水瓶之类。随着复用次数增加，包装的费用会大大降低。

⑤易碎、重容比大，使其应用受到一定的限制，通常适用于规格较小的包装，一般容量在1L以下。为了克服这一缺点，正在研究开发轻量化及表面增强的新技术，预计随着技术的发展，玻璃包装使用量将呈稳步上升的趋势。

（二）玻璃包装的成分和生产

1. 玻璃包装的成分

制造玻璃容器的原料根据作用不同，分为主要原料和辅助原料两大类。主要原料有硅晶或石英粉即二氧化硅，还有从纯碱或石灰石中提取的金属氧化物（氧化钠、氧化钙），经反应生成硅酸盐，其为玻璃的主要成分。辅助原料是各种助剂，包括乳浊剂、加速剂、脱色剂、着色剂和澄清剂等。

普通玻璃容器的原材料是钠钙玻璃，其主要原料是硅砂、纯碱、石灰石，此外还有脱色剂、着色剂和澄清剂等辅助原料；医药包装用的玻璃容器是中性玻璃，还含有硼砂、氧化锌、氧化锆之类原料，因而成本较高。生产玻璃容器时，通常除了将各种原料按一定配比混合均匀外，还要加入一定量的碎玻璃（熟料），然后再次混合均匀后待用。

2. 玻璃包装的生产

玻璃包括的生产过程如下：

（1）配料

将制造玻璃的各种原料经干燥、磨细、细筛后依确定的比例混合，再将混合均匀的配料送至熔化池或熔窑。

（2）熔化

玻璃容器因生产量大，通常使用蓄热式池炉进行熔化，生产量小的也可使用全电炉。混合后的配料投入熔化池（熔窑）内，在1550℃左右的高温下，经过复杂的物理、化学过程，熔化成黏稠、均匀的硅酸盐熔体——玻璃液。玻璃液流经一个较长的通道时会被精确调节到适合成型的温度。

（3）成型

玻璃容器常是对称简单的中空制品。主要成型方法有压制法和吹制法。

①压制法：将定量的玻璃液放入玻璃压制机的模具内，随后用冲头进行冲压，玻璃液随冲压而成型。这种方法在工业上应用较多，其特点是制品形状精确，生产效率高。但产品表面不够光滑，四壁较厚。

②吹制法：吹制法有两种，人工吹制与机器吹制。人工吹制是用铁吹管蘸少量玻璃液先吹成一个小泡，然后立即将小泡没入玻璃液中蘸足所需的玻璃液，放入制品模子中，在连续旋转中进行吹制。用模子吹制玻璃器皿历史悠久，已有千年以上的历史。机器吹制是将定量的玻璃液放入吹制机模具内，用压缩空气进行吹制。两种吹制法比较：人工吹制比较灵活，效率低，适用于产品数量少或个别特殊形状的器皿；机器吹制生产量大，效率高，多用于形状简单、生产量大的制品。

（4）退火

玻璃容器成型后，经输瓶机、推瓶机进入网栅式连续退火炉中。瓶罐被加热到550℃左右，然后徐徐降温，使其内部应力释放，消除内应力，最后达到接近室温的温度。退火不良的制品易于炸裂，甚至自动炸裂。

（5）表面处理

对于一些玻璃容器，为增加强度、改善润滑程度、增强化学稳定性或进行表面装饰，通常会进行表面处理。表面处理的方法有热端喷涂、冷端喷涂、离子交换、包覆塑料膜、印花、酸蚀、表面喷涂等。

二、采用减量化、轻量化设计

（一）设计减量化

在当今社会，一款商品能否成功占领市场份额和赢得消费者的青睐，很大程度上取决于其包装设计所具有的视觉冲击力和美学价值。对于玻璃容器类商品，如各式酒瓶和食品瓶而言，精美而富有创意的包装设计更起着举足轻重的作用。诸多玻璃包装制造商正不断努力，力求在产品外观上达到新颖别致且富含艺术韵味的高度，创造出不仅触感优质且视觉效果出众的酒瓶设计方案，这些设计往往呈现出形态各异、色彩斑斓的特点。然而，在追求极致美感的过程中，过度包装成为一个不容忽视的问题。解决这个问题的核心策略在于提升公众对环境保护与资源节约的认识，倡导绿色消费观，并通过立法手段和废弃物管理政策加以引导和支持。因此，在设计和制造玻璃容器时，应积极推动简约化和减量化设计理念，旨在从源头上减少不必要的包装材料使用和由此产生的废弃物，进而形成更为环保和可持续的包装方案。

（二）设计轻量化

玻璃容器在保证强度的前提下，其设计应尽量保证薄壁化。减轻质量是实施玻璃容器设计轻量化、绿色化的一个重要发展方向，也是提高玻璃包装竞争能力的重要方向。瓶罐轻量化目前在发达国家中已相当普遍。玻璃包装容器轻量化，可采取如下三个方面的措施。

1. 生产工艺改进研究

生产工艺改进研究主要依靠玻璃生产技术的改进。它对生产工艺过程的各环节，从原料、配料、熔炼、供料、成型到退火、加工、强化等都必须进行严格控制。在轻量化设计方面，小口压吹技术和冷热端喷涂技术等先进手段在德国、法国、美国等发达国家已得到广泛应用。这些技术不仅促进了玻璃容器轻量化和薄壁化，而且通过采用科学的结构设计、化学与物理强化工艺及表面涂层强化技术，有效提高了玻璃容器的物理和机械性能。

2. 运用优化设计方法降低原料耗量

通过优化设计探索理想的瓶型，能够在确保玻璃容器具有较大容量的同时，实现其更轻的质量并降低原材料消耗，这对回收瓶来讲意义更大。

3.研究合理的结构使壁厚减薄

壁厚减薄可能会降低容器的垂直荷载能力，但这种设计能使应力分布更均匀，冷却过程更平衡，同时增加容器的弹性，从而提高其耐内压强度和抗冲击能力。为了最大程度地保持垂直荷载强度，建议采取以下设计措施：

①瓶罐的总高度要尽量低。

②最小化或取消瓶罐口部的加强环。

③避免设计细长的瓶颈，特别是对小口瓶而言。

④瓶罐肩部不要出现锐角，要圆滑过渡。

⑤瓶罐底部尽量少向上凸出。

三、熔制工艺绿色化

熔制工艺绿色化即针对玻璃容器生产时污染最严重的熔化过程采取措施，实施清洁生产。

（一）安装脱硫装置

熔窑熔制硅酸盐时，采用煤加热，产生有害的废气 CO_2 和 SO_2，影响人体健康。煤在未采取脱硫措施之前含硫量约为 $1045mg/m^3$，在未燃烧前进行脱硫处理后含硫量已下降到约 $598.5mg/m^3$，但是熔制玻璃大量生产时需消耗大量的煤，因此产生的有害气体 SO_2 的量仍是触目惊心的。我们可以通过安装脱硫装置的方式对煤进行处理，如图 2-3-1 所示，其为脱硫过程。

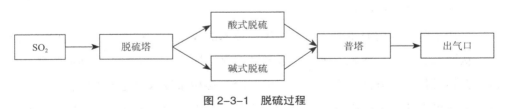

图 2-3-1　脱硫过程

经过脱硫塔后，可脱硫 60% 左右，再通过酸式脱硫或碱式脱硫的普塔后，脱硫效率可达到 90% 左右。脱硫过程中需加入少量的脱硫剂，常用的是白云石，其化学成分主要是碳酸镁、碳酸钠、硫酸亚铁等，还需加入水，水对煤脱硫起到清洗和溶剂的作用，硫单质被水冲刷后进入沉淀池，硫单质沉淀下来，水由水泵抽压后反复进入脱硫塔使用。

在脱硫过程中，由于采用酸式脱硫或碱式脱硫时的酸或碱对脱硫设备均有腐蚀作用，当脱硫量大时，酸碱的用量随之加大，也会增高脱硫成本。有人提出可以采用四氯化碳溶液取代酸或碱，由于硫可溶于四氯化碳，再从四氯化碳中析出硫单质，既可不损坏设备，且四氯化碳也可循环再用。

（二）安装除尘器和使煤充分燃烧

熔窑熔制过程中排出大量烟尘，对大气环境及人体造成严重污染。对此首先要用鼓风机加大鼓风，让煤充分燃烧，减少排出的烟尘和 CO；其次可安装除尘器，减少排入大气中的烟尘量。

在条件许可时，应以电代煤或以天然气代煤，才能大量减少排入大气中的烟尘量。

从根本上讲，我国玻璃企业除个别合资、独资企业外，企业的装备水平普遍较为落后，导致包括熔制环节在内的工艺过程生产效率低，能量消耗大，产生的"三废"污染严重。

第四节　金属包装的绿色化设计

一、金属包装概述

（一）金属包装的特点

金属包装材料在包装领域的使用量相对较低，但其作为包装材料的重要性不容忽视。主要金属类型包括钢和铝，常见的成型材料为薄板和金属箔。钢、铝等刚性材料通常用于直接制造桶或罐，而柔性材料则多采用真空蒸镀技术在其他材料表面镀上金属膜，以增强包装的保护性。

金属材料具有良好的延展性和加工性，易于成型，表面易于镀层（如铬、锌等），可赋予抗腐能力。

金属具有较高的强度，对光、气、水的阻隔性好，可以长期有效地保护内装物。

金属材料表面光滑且易于印刷，为提升包装的装饰效果、美观度及整体档次提供优势。

金属包装可以实现极大的轻量化，节省材料，提高经济效益。

金属易于回收、再生利用或重复使用，无污染。

金属包装多用于运输包装的大容器、罐、桶、集装箱。在销售包装中主要应用于饮料油剂和一些化妆品喷雾剂等的包装。

（二）金属包装的分类

金属包装一般可以划分为罐、桶、镀层三类。

（1）罐类

罐类包括易拉罐、罐头盒、食品罐、喷雾罐以及盛装油漆、油脂、蜡的铁罐，通常用薄钢板、薄铝板制作。

（2）桶类

桶类主要包括大型不锈钢储罐以及盛装工业和民用食用油的铁桶，采用钢板制作。

（3）镀层类

镀层类采用金属箔（铝箔）柔性材料，通过真空蒸镀方法镀在其他材料上，以提高包装的保护功能和修饰外观。

自改革开放以来，我国金属包装行业发展很快，已形成了生产金属箱、金属盒、金属桶、金属罐、金属喷雾罐、铝箔袋、金属浅盘、金属软管、金属封闭容器等门类齐全的产业体系。其主要产品有印制铁罐（金属薄板印刷并制成听盒）、密封罐、易拉罐、钢桶（1—18L 小桶和 20—200L 大桶）及瓶盖等，在包装工业中占有举足轻重的地位。

（三）金属包装对环境的影响

废旧金属包装经过整理和加工后得以重生，或是经过回收程序转化为原始金属形态，如铝和钢，彰显了金属包装作为可循环资源的巨大回收潜能。构建一套有效的收集和回收体系，是确保这些废弃物不成为环境负担的关键步骤。鉴于铝材包装具备卓越的回收便利性和再利用率，其日渐成为取代部分塑料和纸张包装、推动食品包装行业绿色转型的优选材料。

对金属包装的全生命周期进行深入考察——从矿物开采、金属提炼、钢材与铝材的压延加工，直至包装制品的生产和废弃后的处置流程，整个过程中对资源和能源具有高度的依赖性，同时也对大气环境造成了很大的污染。应当强调指出，我国是一个资源缺乏的国家，在建筑和工业上使用金属的量非常大，因此使用金属包装要有节制，如制罐业能用塑料、纸塑复合材料替代的应予以提倡，同时要更强调对金属包装废弃物的回收利用，既节约资源，又保护环境。

二、选用材料及结构设计绿色化

（一）采用包装专用马口铁及专用原材料钢板

国内外制作金属包装均大量使用马口铁。在我国，由于对马口铁具体用途的分类不明晰，在生产钢桶等容器时常遭遇品质不稳的问题。而在欧美地区，已研发并推广专门针对包装用途设计的马口铁材质，其应用定位清晰，针对性强，从而有力提升了金属包装产品的品质。

诸多发达国家不仅在马口铁材料的专项开发上取得突破，将其应用于包装设计并投放市场，而且针对钢桶包装的具体需求，进一步推出了定制化的钢板原料供应服务。依据制桶和制罐行业的不同需要，精准调整了钢板的厚度、含碳量、硬度和镀锌层厚度，此举不仅明显提升了产品质量，还带来了经济效益的提高。通过科学选择和优化材料特性及规格，有效减少了废料产生，达到了质量和成本控制的最优状态，同时也践行了适度包装和包装减量化原则，为我国金属包装产业未来的发展路径提供了借鉴。

（二）制作钢桶薄型化

在最新的技术革新中，诸多发达国家已率先应用超薄钢板技术来制造钢桶，首要目的在于推动环境保护，并考虑节约原材料资源的需求。相较之下，我国传统的 200L 钢桶生产工艺普遍采用 1.2 至 1.5 mm 厚度的钢板，使得钢桶具备较高的复用性。然而，在钢桶的重复使用过程中，需要进行深入细致的内外部清洗、整修和除漆操作，由此产生的大量有害液体和气体排放，对环境造成了明显的污染。与此同时，国际先进水平的做法是采用 0.8 至 1.0 mm 厚度的钢板来制造同等容量的 200L 钢桶。这种钢桶在使用完毕后能够迅速进入回收流程，有效规避了环境污染风险，同时因包装材料的轻量化和成本降低而体现出更高的环保经济效益。

（三）改进及完善结构设计

在《包装容器·钢桶》（GB 325—1991）的标准规范中，对闭口钢桶的设计细节做出了明确规定。尽管如此，在实际应用场景中，闭口钢桶内部往往遗留难以清理的残余物料，这是一个突出的挑战。这些残余物不仅代表着未能充分利用的产品损失，也可能在钢桶废弃或不当处理时对环境造成潜在污染。尤其在钢桶进行清洗以备再次使用时，内部残存物会加剧清洗作业产生的污染物排放。鉴于此，发达国家的研究团队着眼于环保和资源节约原则，对传统的钢桶设计方案进行了改良。他们推出了一种创新型钢桶设计，其中包括巧妙的沟槽导流构造和流体动力学优化的顶部设计，这两项改进使倾倒物料更加彻底，显著降低了容器内部残留物料的数量。这样设计的零残留钢桶结构不仅能有效减少资源浪费，也有利于推动包装行业朝着更为环保和低碳的方向转型升级。

电石作为一种重要的化工原料，在包装和运输环节中，安全性和环保性尤为关键。针对电石的包装需求，钢桶设计上有内销和出口专用两种类型。内销用途的电石钢桶主要采用密封排气设计，通过构建桶内高度密闭的空间，阻止电石与外界空气中的水分和氧气接触，进而有效防止电石风化产生乙炔气体，减少环境污染及降低火灾、爆炸等安全隐患。不过，此类设计虽能有效防止泄漏，但在运输过程中若内部压力过高，排气阀开启释压，仍有可能造成一定程度的环境污染。相比之下，专门设计用于出口的电石包装钢桶除了保证基本的密封性能外，还增加了先进的充氮保护系统。该系统在桶顶部设置了两个小孔，一个用于注入氮气以排出氧气，另一个用于排空原有空气，从而大幅度减小电石与空气接触的可能性，进一步提升安全性与环保性。然而，早期的充氮设计存在效率不高的问题，氮气因密度小于空气，易在上部堆积，不能有效置换桶内的空气，形成充氮路径的"短路"。为解决这一技术难题，科研人员研发了一种改进型的充氮结构方案。新设计在钢桶顶部和底部各配备了一个小口，通过顶部持续注入氮气，并从底部将空气排出，这样的设计确保了氮气能够全面填充并置换桶内的空气，从而高效抑制乙炔气体的生成。这一改进不仅大大减少了对环境的污染，同时也最大限度地减少了电石在运输过程中因风化所导致的质量损失，显著增强了整个运输过程的安全系数。

（四）对密封胶提出严格要求，制定有关性能标准

在中国，长期以来大量采用天然白乳胶作为密封胶，虽然也有企业尝试使用其他类型的填料，但缺乏统一的标准和质量要求，导致生产商在生产过程中面临难以遵循的规范，经常发生质量问题。钢桶生产对密封填料的需求包括相容性、高温稳定性、较高固分含量、良好黏接性、优秀弹性及施工性能，同时也要求具备一定的耐候性。

目前，相容性问题依然是一大挑战，如密封胶与内容物的化学反应不仅污染内容物，还降低了密封效果。国外钢桶使用的密封胶种类繁多，根据不同使用需求选择合适的密封胶，以实现高质量和高效率的施工。因此，中国迫切需要尽快建立钢桶用密封胶的设计与生产的标准和规范，以确保钢桶产品的质量。

三、生产工艺绿色化

（一）减少渗漏，做到"零渗漏"

钢桶作为重要的工业储存和运输容器，其泄漏问题一直是业界关注的焦点。泄漏不仅会导致内容物的损失，更有可能引发严重的安全和环境问题。特别是当容器内装有食品、石油产品、化学原料或药品等敏感物质时，泄漏的后果可能更为严重，包括食品安全事故、火灾爆炸和环境污染事件。

鉴于此，国内在钢桶设计和制造领域进行了一系列的技术革新，如从五层矩形卷边结构升级到七层圆弧卷边结构，同时将缝焊机的操作从手工半自动化升级为全自动化，显著提高了制桶质量，有效减少了泄漏事件。尽管这些措施已经取得了初步成效，但由于原材料质量不一、设备更新换代不及时以及一些工艺方法的固有局限性，钢桶的泄漏问题依旧存在。

而在国际上，一些发达国家已经开始采用激光焊接等先进技术来制造钢桶，这一新技术不仅提高了钢桶的耐冲击性能，还大大增强了其防渗漏能力，实现了钢桶"零渗漏"的目标，为钢桶产业的绿色化发展提供了新的方向。

（二）改进桶身焊边处理的磨边工艺

桶身焊边的预处理工艺，主要是为了在焊接前清除桶身板焊接接缝处的氧化物、油污等杂质，以确保焊接质量。传统的磨边工艺，即通过使用四到八组砂轮

机对焊边进行磨削，虽然在一定程度上能够达到清洁的目的，但这种方法存在着很多问题。在磨边作业过程中，工人面临着极为恶劣的工作环境，包括巨大的噪声污染、漫天飞扬的粉尘以及充斥着有毒气体的空气。这不仅对工人的身体健康造成严重威胁，还会因为磨边厚度的不均匀和生产效率的低下而影响钢桶焊接接缝的质量。更为严重的是，在加工过程中产生的大量烟尘不仅对人体有害，还会对车间内的设备造成损害，尤其是砂轮电机和传动系统更容易因此发生故障。特别是在处理镀锌板材时，由于锌在高温下氧化生成氧化锌颗粒，其对人体的危害更是不容忽视。这些细小的颗粒物质不仅会长时间悬浮在空气中，影响工人的呼吸健康，还可能导致尘肺病、肺泡疾病、支气管炎、气喘等职业病的发生。因此，这一传统的磨边工艺亟须改进，以保护工人健康，提升生产效率，同时也能提高钢桶的整体质量。

通常，生产车间装设不积烟尘的天花板，并安装吸尘装置来预防粉尘污染，但效果仍不理想。根据有关专家的研究，可在生产技术方面采取如下防尘措施。

1. 选择适当的原材料

在制造行业中，尤其是那些涉及磨边工序的生产过程，选择合适的原材料至关重要。以往，许多生产厂家未能充分认识到磨边用砂轮材料的潜在有害性，导致他们选择了对人体健康和环境存在重大威胁的材料。面对这一问题，现代生产过程越来越倾向于采用具有较低危害性的替代材料，如碳化硅和刚玉，这些材料能有效降低对操作员健康的风险，同时保持产品的高质量和生产效率。这种转变不仅关乎健康和安全，还体现了对环境责任的承担，确保了材料供应的稳定性，同时控制了生产成本，避免因替换材料而引起的额外开支。

2. 密闭

在工业生产过程中，尤其是涉及粉尘和有害颗粒释放的环节，密闭措施发挥着至关重要的作用。然而，由于某些操作的特殊性，完全密闭并不总是可行的。在这些情况下，可以在密闭罩中实施局部吸气措施，引入清洁空气，同时也要防止含尘气流外泄。另外，也可以采用反向密闭的方式，即在粉尘密集的环境中对工人周围的环境进行密闭，如密闭工人操作室。

3. 自动化

自动化技术的应用，在现代制造业中起着革命性的作用，特别是在降低工人接触烟尘和有害物质风险方面。通过自动化和远程操作,可以减少工人与危险工序的直接接触,实现生产过程的完全密闭和有效收集烟尘。这种技术不仅提高了生产效率,还大幅降低了职业健康风险。在进行必要的内部检修时,采用适当的个人防护装备是保证操作员安全的基本要求。

4.常用通风方法除尘

通风除尘系统是工业生产中保护环境和工人健康的关键技术之一。它包括全面通风和局部吸气两种基本形式。全面通风通过引入大量清洁空气,稀释工作区域中的有害物质浓度,进而降低粉尘量至安全水平。这种方法尽管有效,但由于需要较大风量,成本较高。相比之下,局部吸气更为经济,它在有害物质释放源附近立即将其吸收,防止有害物质扩散到呼吸区。局部吸气装置通常由吸气罩、输送管道、空气净化器和风机组成,专门设计用于从源头上控制粉尘和烟雾的释放。在使用这种装置时,必须注意补充空气量至少要等于排出的总风量,以维持车间内的压力平衡,并保持良好的空气质量。特别是在大风量吸气的情况下,补充足够的外部空气对于维持有效的除尘效果及保证工作环境的舒适度尤为重要。此外,在设计局部吸气系统时,还需考虑季节性的温度调节,确保通过系统送入的空气既不会导致室内温度过低,也不会带来不必要的热负荷。

随着技术的进步和对环境保护要求的提高,焊边处理工艺也在不断创新和发展。铣边工艺作为一种新兴的处理方法,其优势在于能够有效消除传统砂轮磨边过程中产生的噪声和粉尘,使其成为小型制桶厂过渡到更环保生产方式的理想选择。与此同时,清洗工艺虽然同样能够去除焊边上的氧化物和油垢,从而消除噪声和粉尘,但其使用的化学腐蚀剂如盐酸等可能释放有毒气体,并产生对环境有害的废液,因此这一方法的环保性受到质疑。全自动高频焊接工艺由于其高度的自动化和先进性,使得焊接过程中几乎不需要额外的焊边处理,既降低了劳动强度,也减少了生产成本,同时对环境的影响也大为减轻。这种工艺的应用标志着焊接技术向更高效、更环保的方向迈进,为制造业的可持续发展提供了新的动力。

(三)缝焊工艺应配置循环水箱

尽管缝焊工艺本身对环境影响较小,但不恰当的操作和设备配置可能导致大量淡水的不必要消耗,违背了节能环保的宗旨。在缝焊过程中,冷却水不可或缺,用于确保焊接设备稳定运行和有效冷却。为此，现代生产规范强烈推荐在缝焊设备中集成循环水箱系统，以实现水资源的循环利用。然而现实中，不少制桶企业尚未装备循环水冷却系统，这就意味着每次冷却后，宝贵的淡水资源即刻被一次性排放，加剧了水资源的浪费。此外，未经处理的冷却水在高温作业环境中易于产生水垢沉积，长期积累下来，不仅可能阻塞冷却系统通道，还逼迫部分企业不得不采取耗水量更大的外部冷却手段加以应对。积极采用循环水箱技术，并实施循环冷却水方案，可在很大程度上抑制水垢的生成。这不仅有助于延长缝焊设备的服务寿命，更在实质上促进了淡水资源的有效保护与节约利用。

（四）采用新型钢桶渗漏检测技术

紧跟全球发展趋势，遵从国际危险品包装规范已成包装行业发展的必然选择。钢桶的渗漏隐患直接影响安全性能，对制造高品质钢桶提出了严峻挑战。为此，严格执行泄漏测试标准及强化质量控制至关重要。当前，部分国内外小型钢桶生产线已采用自动化渗漏检测设备，但针对 200L 等大型钢桶生产环节，此类技术应用并不广泛。为确保钢桶零渗漏，先进做法是在生产线上融入运用统计过程控制原理的高级检测装置，并推广氦气探测或压力差检测技术，力求将漏检率降到最低，确保钢桶出厂合格率高达 100%，以满足高标准的安全与质量要求。

四、涂装生产绿色化

（一）无污染钢桶表面处理技术

1. 螯合剂除油技术

涂装前的金属钢桶表面，由于经过冷轧、弯曲、焊接、冲压、卷封等加工工序，形成了一层油污。传统的除油方法是有机溶剂除油或化学碱液除油，造成的污染都相当大。不论哪种除油配方都使用了足够的磷酸盐，其对人体危害较大。目前钢桶表面处理技术的发展趋向是不用或少用磷酸盐，而采用各种螯合剂或吸附剂，如氨基螯合剂、羟羧酸螯合剂、沸石及亚氨二硫酸三钠等。

2. 机械除锈技术

钢桶在热轧、焊接、试漏等生产过程中表面易产生氧化皮，在涂装前需除锈，机械除锈比化学除锈更有利于保护环境。机械除锈有以下五种。

（1）喷砂处理

用压缩空气或电动叶轮把一定粒度的细砂硬颗粒喷射到金属表面上，利用砂粒的冲击力除去钢桶表面的锈蚀、氧化皮或污垢等。

（2）抛丸处理

以 80m/s 的速度向被处理表面喷射粒径为 0.51—1.0mm 且多达 130kg/min 的丸粒。用此种方法处理钢桶表面的氧化皮和铁锈效果最佳。

（3）刷光处理

利用弹性好的钢丝或钢丝刷搓刮钢桶表面的锈皮和污垢。

（4）滚光处理

利用钢桶的转动使钢桶表面和磨料之间进行磨搓。

（5）高压水处理

高压水除锈是一种较新的工艺，具有机械化、自动化程度高、效率高、成本低等优点。

（二）采用新型环保涂料

涂装过程使用的涂料多含有油剂溶剂，对生产环境造成严重的污染。近年来，国内外涌现了许多创新的环保型涂料，为钢桶涂装生产向绿色发展提供了关键支持。

特别是预涂涂料技术的应用，标志着涂料行业发生了重大变革。该技术通过将涂装阶段提前至原材料加工环节，有效减少了传统涂装过程对环境的污染。在预涂钢板市场上，镀锌钢板、镀锡钢板及彩印钢板已成为主流产品。预涂涂料技术首创于日本，主要采用有机复合材料，包括有机高分子聚合物和氧化硅等，并添加交联剂与功能颜料制成有机复合树脂。在国际上，除了我国主要将其应用于马口铁的印铁钢板以外，其他国家也广泛采用普通板材印刷技术。

（三）采用先进的环保技术，治理"三废"污染

在当今社会，环境保护已经成为一个不可忽视的全球议题。在众多工业生产过程中，涂装工艺技术作为一个重要环节，其对环境的影响日益受到关注。众所周知，涂料和材料的选择对环境有直接影响，但涂装工艺技术的重要性同样不容小觑。近年来，新型的涂装技术逐步崭露头角，这些技术将环保作为设计的出发点和归宿，旨在通过预防和治理的方式，尽可能减少对环境的污染。尽管如此，传统的溶剂型涂料在使用过程中，尤其是在喷涂阶段，仍然会产生大量废气，这些废气不仅包含有机溶剂，还有大量的过喷漆雾，即便采用了先进的通风和回收设备，如专业的喷涂室或水帘式喷涂系统，也难以完全避免环境污染和对操作人员健康的威胁。此外，在涂装干燥的过程中，由于使用的涂料种类多样，以及干燥设备的不同，会释放出性质各异的废气，这不仅进一步加重了环境的负担，也对人体健康构成了潜在的威胁。

在涂装生产过程中，产生的废渣主要源于几个方面：一是涂装前处理过程中的化学反应产生的沉淀物；二是在被处理物体表面形成的各种沉积物，以及由于不同涂装方法导致的过涂和飞散漆雾的沉积。这些沉积物不仅附着在涂装室的墙壁上，还会沉积在设备、通风排尘系统以及输送道路上，待到有机溶剂完全挥发后，这些沉积物就会形成固定的废渣。值得注意的是，涂装前表面处理产生的废渣中含有大量的有害金属离子，如铁、锌及其化合物、铬、镉、铅及其化合物等；而涂装过程中产生的废渣则主要包含颜料、合成树脂和有机溶剂及其化合物。这些"三废"如果不进行有效的治理，不仅对环境构成了极大的威胁，也严重危害操作人员的健康。因此，遵守国家环境保护法和劳动卫生安全法的规定，采取各种有效措施进行全面治理，是每一个涂装企业不可推卸的责任。幸运的是，目前已经有多种治理方法被广泛应用于实践中，如对含碱废水采取中和法调整 pH 值，对含酸废水则可采用中和法或废物回收再利用等策略，磷化处理废水和重铬酸盐含铬废水的治理也有了成熟的方法。

至于喷涂和烘干过程中产生的废气，目前主要采用的治理方法包括吸附治理法和催化燃烧法。吸附治理法利用活性炭、氧化铝、硅胶和分子筛等物质的吸附特性，有效去除废气中的有害成分。而催化燃烧法则通过催化剂加速有机溶剂的氧化分解过程，将有害物质转化为水和二氧化碳，从而减少了对环境的污染。此外，对于低浓度的有机溶剂，还可以通过浓缩和吸附等方式进行回收利用，进一步提高资源的使用效率。

在处理涂装过程中产生的废渣方面，虽然方法相对简单，但其意义不容小觑。特别是在涂装前表面处理过程中产生的废渣，很多都含有可以回收利用的成分。例如，硫酸亚铁和磷化沉淀物可以经过适当处理后转化为磷肥等有价值的产品。对于其他无法回收利用的有害废渣，则可以通过直接燃烧法进行安全处理。值得一提的是，燃烧过程需要在密封的容器中进行，以确保产生的有毒气体能够被有效控制和处理，最大限度地减少对环境的影响。

（四）采用先进的涂装新技术

在当今时代，随着环保意识的不断增强，国际及国内环境涂装技术正经历快速的发展阶段，其中高压无气喷涂、静电喷涂和粉末涂装等先进技术已被广泛推广应用。这些技术的应用，不仅体现在采用了高度机械化和自动化的生产流水线，还在于引入了如微机程序控制、闭路电视控制等尖端技术。这些技术融合使用，共同构筑起了一个既高效又环保，同时又能够保证产品质量、降低能源消耗并显著改善工人劳动条件的现代化涂装生产体系。

1. 高压无气喷涂技术

高压无气喷涂技术通过专用的高压无气喷涂机械设备，将涂料在极高压力下喷射并且进行强力雾化，使得涂料能够均匀地覆盖在目标表面上。这种技术的一个显著优势在于能够大幅减少雾化过程中涂料与溶剂的飞散，这不仅有效减轻了对环境的污染压力，同时也改善了工作人员的劳动条件，为他们提供了一个更为安全健康的工作环境。

2. 静电喷涂技术

静电喷涂技术在提升生产效率和产品质量方面展现了其独特的优势。该技术在传统的空气喷涂基础上，引入了高压静电，使得涂料在喷涂过程中能够更加均匀且紧密地附着在工件表面，显著提高了涂料的利用率，达到了比空气喷涂高出30%—40%的效率。更重要的是，通过电场力的作用，可以大大减少雾化涂料和有机溶剂的无目的飞散，从而优化了操作环境，提升了操作者的工作体验。

3. 粉末涂装技术

粉末涂装技术则代表了涂装领域的一大革新，它实现了在生产过程中完全不需要使用溶剂，从而极大地减少了有害物质的排放，对环境保护贡献显著。该技术能够一次性完成多层涂装，达到或超过传统溶剂型涂料的涂层厚度。此外，未被工件吸附的粉末涂料可以被有效回收利用，进一步降低了生产过程中的物料浪费和环境污染。粉末静电喷涂技术作为粉末涂装技术中的重要组成部分，因其高效、环保、无毒的特性，不仅对传统的溶剂型涂装技术提出了挑战，也推动了涂装技术向着更加环保、高效的方向发展，为涂装行业的进步和创新提供了强有力的技术支持。

五、使用储运绿色化

（一）储运过程引起环境污染的原因

1. 封闭容器使用不当

使用钢桶储运的内容物种类非常多，而大部分在泄漏后都会造成不同程度的污染，有的还相当严重，所以钢桶在生产中对质量的要求很严。高质量的钢桶，如果封闭器使用不当，同样会造成泄漏污染。

2. 储运方式不合理

钢桶在使用中的泄露往往与不规范的装卸操作密切相关。不恰当的装卸操作导致钢桶发生碰撞、跌落，进而出现变形和泄漏，这些情况最终会引起环境污染。当前，国内外部分使用者已经实施了自动化流水线来进行钢桶的填充及装卸工作，显著降低了因手工操作不规范引起的泄漏和污染。

妥善存储钢桶至关重要，应避免将其存放于露天环境中，特别是禁止在露天环境中竖立存放，即桶口朝上。钢桶若露天存放，不仅会受到风吹、日晒、雨淋的损害，而且容易受到温度变化的影响，导致密封性能降低。此外，露天竖立存放容易在桶顶积水，通过密封不完善的桶口渗透至桶内，导致内装物质污染。一旦内容物因污染而无法使用，便形成了新的废物。

（二）储运过程绿色化措施

金属包装容器在储运过程中必须具有优良的综合保护性，其储运标准应规范化，符合 ISO 9000（质量）、ISO 14000（环保）、ISO 16000（安全）等国家标准。对易燃品、易燃液体储存必须专仓专储、严禁烟火，并严防易燃液体蒸气中的毒性侵害人体。

金属包装绿色化还应积极进行技术改造，采用先进设备，提高产品质量，杜绝渗漏。如印铁制罐企业必须完全淘汰落后的锡焊工艺，采用自动电阻焊生产线取代锡焊生产线；钢桶生产企业应大力推行桶身焊接实行半自动电阻焊和激光焊接，实现无铅污染以及先进的卷边工艺和采用先进的密封材料，达到"国际危规标准"。制桶企业还应采用自动化生产线和再生装置；喷雾罐生产应禁止使用氟氯烃物质（CFC），采用替代品如二甲醚和液化石油。

第三章　绿色低碳包装设计的要素

本章主要就绿色低碳包装设计的要素展开详细介绍，主要分为绿色低碳包装的造型设计、绿色低碳包装的平面元素设计、绿色低碳包装材料肌理设计三部分。

第一节　绿色低碳包装的造型设计

一、绿色低碳包装造型设计的原则

绿色低碳的包装设计在造型上包含内部容器的设计和外部包装的设计。与传统包装设计相似，绿色低碳包装设计在初始阶段就需要考虑商品的特性和储存运输的条件。容器设计的保护性、便捷性、视觉吸引力和工艺性等功能性因素是决定设计成功与否的关键。同时，在设计过程中还需兼顾消费者的使用和审美心理，选择实用且环保的材料，以适应绿色低碳包装设计快速变化的趋势。因此，绿色低碳包装设计的造型设计遵循其独特的原则：

（一）合理化

合理化是指，一个成功的包装并不在于使用的材料有多么豪华，也不在于价格有多么高昂，而是应当根据商品的固有价值、消费者的需求以及使用环境的差异性来决定。一旦超出了合理的范围，便可能演变为过度包装、夸张包装甚至欺骗性包装，这不仅会增加消费者的经济负担，还可能激发他们的不满情绪。例如，当前备受争议的月饼过度包装现象便是一个典型的例子。制造商想刺激消费者的购买欲望、提升商品的附加价值，却忽视了经济、自然资源与环境之间的紧密联系，这种以牺牲自然环境和经济的可持续性为代价的做法是不可接受的。

合理化设计已经成为包装设计领域的一大趋势，它倡导的是最为合理的包装结构、最为简洁的造型以及最为经济的成本。合理的包装设计关键在于确保商品完整性的同时，保持包装成本的合理性，这是为了在储运过程中防止意外发生、保护商品免受损害而采取的必要措施。如图 3-1-1 所示，此为一款零食包装，其不同的口味及产品类型组合可以让消费者有更多的选择。整体的包装造型很容易吸引消费者的注意，而小规格的扁平分装形式则更方便消费者随身携带。

图 3-1-1　零食包装

（二）适用性

随着生活质量的提升和消费者意识的增强，旅游已经成为一种时代潮流。因此，在绿色低碳包装的造型设计中，设计师需要考虑具体的使用场景、条件以及与周围环境的协调性，为包装赋予独特的属性，确保设计能够精准地进入目标市场。商品包装的构思必须紧密结合包装内容的具体特性。例如，饮料包装是否能够在开启后直接饮用（易拉罐是此类设计的常见例子），无须额外的杯子，便于在外使用；包装材料是否能够适应户外严苛的使用环境。

在众多酒店中，我们经常看到的茶叶包装往往只是简单地标有"茶"字，很难让人直观地感受到茶的风味。然而，蒂芙特（Tea Forte）的包装设计虽然在外观上与我们常见的高端茶包装相似，如图 3-1-2 和图 3-1-3 所示，但仔细观察后，可以发现设计师巧妙的构思。包装顶部的茶叶装饰不仅作为装饰，还是塑料制成的搅拌器，这种设计体现了设计师的深思熟虑。

图 3-1-2　Tea Forte 包装

图 3-1-3　Tea Forte-Icon 限量版包装

（三）符合人机工程学

人机工程学起源于 20 世纪初，是一门新兴的独立学科。在美国，它被称作"Human Engineering"或"Human Factors Engineering"；在大多数西欧国家，它被称为"Ergonomics"；在日本，它被称为人间工学；在中国，它被称作人类工程学、人体工程学或人因工程学等。根据国际人类工效学学会（IEA）的定义，人机工程学专注于研究人在特定工作环境中的解剖学、生理学和心理学因素，探索人、机器和环境之间的互动，以及如何在工作、家庭和休闲活动中平衡效率、健康、安全和舒适等问题。

包装容器直接与人体接触，其设计应遵循人机工程学的原则，涵盖生理、心理和感知等方面，创造出既亲切又适宜人体的容器造型，以更好地服务于人类。例如，瓶盖上设计一些凸起的点或线条，可以增加摩擦力，使得即使在手掌湿润的情况下也能轻松开启。包装容器的尺寸和重量应符合人体的一般需求，如易拉罐的直径不宜过大，容量也应适中，以便一手把握。

根据人机工程学的要求，在人机环境中，环境因素的重要性不容忽视。尤其在当前工业化生产带来的资源短缺和环境污染情况下，人类的生存环境面临挑战。将"人、机器、环境"视作一个整体系统，每个组成部分都至关重要。环境保护已成为人机工程学发展的必然趋势，这也将深刻影响包装设计。未来的绿色低碳包装将朝着符合人机工程学的方向演进，即方便使用、合理搬运、可靠储存、易于解读，同时满足不同消费者群体的心理和生理特殊需求。随着人类的进步，设计的功能性需求不断提升，同时还需考虑人的生理和心理舒适度，以实现生理舒适和心理愉悦，这是现代设计的大势所趋，也是绿色低碳包装造型设计必须遵循的基本原则。商品的性能、用途、目标用户和使用环境等，都应纳入包装造型设计的考量范围。无论是一个简单的盖子，还是整个产品的形态，都应体现以人为本的设计理念。

并非所有高档次、华丽或经典的包装都能吸引消费者的注意。优秀的包装设计不仅能够展现产品的层次，还能在心理和生理层面给消费者带来愉悦和舒适。设计师需要从人的存在方式和生活方式等角度出发，深入理解和完善包装造型结构设计。一个在外观和使用上都令人满意的包装设计，必然会受到消费者的喜爱。只有实现形式与功能的和谐统一，包装才能真正满足消费者的需求，为产品增加更多价值。

以瓶子的造型结构为例，底部小、腹部大的设计可能导致消费者难以干净利落地饮用其中的液体，有时甚至会出现溅到脸上或身上的尴尬情况。而设计流畅、易于握持、触感良好的瓶子，则能给人带来得心应手的感觉。

（四）应用新材料

绿色低碳包装设计的核心在于环保材料的使用，这些材料应具备保护性、安全性、加工适应性、便利性、商品性、经济性以及可回收再利用的特点。科技进步催生了众多新型包装材料的诞生和应用，包装行业在这方面的创新尤为迅速。材料的种类从天然到合成，从单一材料到复合材料，相互融合的趋势日益明显。

每一种新材料的问世，不仅带有鲜明的时代特征，还承载着新时代的文化象征。在新材料的研发过程中，除了注重科技含量和科学合理的性能以外，还追求材料的质感、外观和特色，同时兼顾环保和可持续性。

一些材料能够模仿自然材质的特性，有效替代传统材料，实现包装的最优化。例如，某些再生纸张具有质朴的质感，若能巧妙运用，不仅环保，还能产生出人意料的效果。

绿色包装的革新促进了社会的和谐进步，新型材料和复合材料的应用带来了多样化的包装设计。

塑料因具有生产成本低、重量轻、出色的机械和阻隔性能，成为食品包装最常用的一种材料。然而传统塑料不易降解，在废弃后会带来"白色污染"，造成环境负担。全球塑料污染问题日益严峻，预计到 2050 年全球塑料垃圾将累计达120 亿吨。因此，使用环保、可再生、可降解的材料来替代不易降解的传统塑料用作食品包装材料备受国际社会的关注。其中，生物基包装材料（图 3-1-4）因其安全、可再生、可回收、低成本等优势脱颖而出，在食品包装领域具有广泛的应用前景。然而，纸具有多孔结构和亲水的性质，在用于食品包装领域时常需对其进行表面功能修饰，以提升其疏水阻油等应用性能。2023 年 1 月，由工信部牵头，六个部门共同发布了《加快非粮生物基材料创新发展三年行动方案》，该方案中提出了明确的发展方向：到 2025 年，非粮生物基材料产业基本形成自主创新能力强、产品体系不断丰富、绿色循环低碳的创新发展生态。在国家政策的持续利好下，我国生物基材料行业发展步入快车道。

图 3-1-4　菠萝纤维制成的布袋

（五）虚实空间的利用

实体空间是有形的物理存在，然而在包装中真正发挥作用的是抽象的虚空间，即实体所围绕的空白区域。实体空间与虚空间相互依赖，不可分离。老子在其著作《道德经》中提到："埏埴以为器，当其无，有器之用。凿户牖以为室，当其无，有室之用。"[1] 这句话意味着器皿的实用性并不在于其实体，而在于其创造的虚空间。

首先，通过合理规划虚空间，可以减少包装材料的使用。虚空间服务于功能，那些既不体现功能也不产生积极心理影响的虚空间，只会导致包装材料的浪费，应在设计中予以消除。例如，在设计玻璃制品等易碎商品的包装时，需要考虑包装容器与商品之间的空间关系，以便安置缓冲材料或采取其他保护措施，防止运输途中的损坏。其次，经过合理设计的虚空间可以减少缓冲材料的使用，从而降低包装成本。如图3-1-5所示，这是一种小蛋糕的包装盒设计，这样的设计不仅使包装外观更加吸引人，还省去了缓冲材料的使用，节约了成本。包装的虚空间具备容纳的功能，无论是包装容器本身还是包装上的提手，都是容纳功能的具体体现。

图3-1-5　装小蛋糕的包装盒

包装的空间不仅具备容纳物品的能力，还承担着稳定和支撑商品的重要职责。以纸张为例，与其他材料相比，纸张给人的印象通常是柔软且缺乏强度。但是，如果我们把纸对折使其立于桌面上（此时纸中形成折痕），我们会发现它居然能

---

① 袁玉江.道德经要义解读[M].北京：华龄出版社，2022.

够支撑起一本书的重量。在包装的造型设计过程中，正是通过这些折痕来增强纸张的支撑力。有些包装盒采用双层壁结构，即盒体由两层纸张构成，中间的空隙部分实际上发挥着稳定和固定商品的作用。因此，巧妙地运用虚空间可以达到事半功倍的效果。

二、绿色低碳包装造型设计的方法

（一）简约设计

在长远角度上看，包装设计是否能够对人类的生存空间和环境带来积极的影响，是否有助于保持全球生态的平衡，以及是否能够有效地抑制产品的过度生产，这些都是值得深思的问题。"少而优"的理念将成为生态化包装设计的新思维准则和哲学理念。生态化包装设计倡导的是尽可能减少材料的使用，强调应用可回收材料，并在包装的视觉设计中体现这一理念。在这样的设计理念下，"少即是美"和"少即是多"被赋予了新的含义。自20世纪80年代起，追求将产品造型简化到极点的"简约主义"设计流派开始流行，法国著名设计师菲利普·斯塔克（Philippe Starck）便是这一流派的代表。他的设计作品涵盖多个领域，风格极为简洁，基本上将产品造型简化至最纯粹的形态，同时又极为优雅，无论是从视觉还是材料使用的角度，都体现了"少即是多"的设计理念。例如，他设计的某款护发素包装，瓶身以纯白色为主调，避免了过多的装饰，展现了简洁而大气的风格（图3-1-6）。

图 3-1-6　护发素包装

　　根据法国环保机构的数据显示，目前法国约有三分之一的生活垃圾源于各式各样的包装材料。面对数量庞大且逐年增长的包装废弃物，环保机构承受着巨大的处理压力。尽管如此，商家为了顾客的便利，仍在不断推出各式各样的一次性包装产品。尤其在节日期间，商家更是费尽心思为礼品设计精美包装，以此提升礼品的档次，并为送礼者增光添彩。针对这一现象，法国环保署发布了《节日购物绿色指南》，该指南中提到，即使是看似简单的一次性速溶咖啡包装，其使用的纸张量也是同等量袋装咖啡的 8 倍。而一旦采用"豪华包装"，其包装纸张的使用量可能会增加到普通包装的 12 至 20 倍。该指南的编纂者以真诚而幽默的方式呼吁消费者，在节日购物时，应先考虑环保而非追求虚名、跟风或仅图方便。他认为，一个小小的环保行动，如果成为习惯，日积月累将对环保事业产生显著的正面影响。

　　环保包装的设计原则在于简约化，即将包装造型简化到最基本，核心理念是追求包装结构设计的"恰到好处"。具体而言，就是从资源合理利用的角度出发，在设计过程中，在不损害包装物理功能的基础上，尽可能简化包装结构，通过去除不必要的复杂结构，减少不必要的包装材料使用和生产能耗，从而减轻包装重量、降低运输成本、控制垃圾产生量。在简约与功能性之间寻找平衡，将美观与环保完美融合，使二者成为不可或缺的元素（图 3-1-7）。

图 3-1-7　环保包装创意设计

　　提倡简化包装设计主要是针对那些结构和外观过于复杂的包装而言的，特别是礼品包装的复杂性更是突出。正如韩超在《张道一学术思想研究》中所述："物无美恶，过者为灾。"所谓"过度"和"奢侈"虽然没有一个固定的标准，但应当有所节制。实际上，在人们追求审美和美的意识日益增强的今天，简化包装结构与追求包装的美感并不冲突。美具有多种内涵和表现形式，单纯依靠装饰来创造美，反映了设计的平庸；而简洁而精炼的美则展现了设计的卓越和非凡。

（二）可折叠设计

在折叠纸盒的设计初期，设计师就将材料的可回收性、回收价值和回收处理方法等因素纳入考虑范围。通过在包装物的特定位置增加折痕线，使得包装能够在使用后轻松地被压扁、扭曲和折叠部门，从而减小体积、节省空间、便于集中处理和分拣，便于将包装垃圾送往循环处理，强化了包装的环保功能。实现这些目标，除了需要具备扎实的专业知识和巧妙的设计构思、独特的创意以外，仅需对现有机械设备的模具进行调整，即可生产出各种规格和形态的压缩容器，且不会显著增加生产成本。如图 3-1-8 所示，展示了扑满咖啡（Piggy Bank）的包装设计案例。

图 3-1-8　折叠咖啡纸盒

（三）仿生设计

仿生学是一门科学，专注于研究生物系统的构造和功能，以便为工程技术领域提供创新的理念和工作原则。这门学科自 1960 年 9 月首次在美国俄亥俄州空军基地举行的会议上被正式提出，并定义为"借鉴生物原理来开发技术系统，或让人造系统具备类似生物的特性"。仿生学是应用生物学领域中的一个分支，它源于生物进化对人类的启发，推动了多个领域内仿生概念的研究和应用。此外，仿生学是生物学、数学和工程技术学相互融合而成的新兴交叉科学，专注于模仿具有生物特性或类似特性的生物系统。

在自然界力量的影响下，生物世界的多样性和复杂性构成了设计的灵感源泉。仿生设计虽然源自自然，但其目标是超越自然，避免单纯地复制自然物体的外观。设计师利用自然形态作为设计的基本元素，通过提炼、抽象和夸张等艺术手法，捕捉自然物体的内在活力和本质，传递其内在结构所蕴含的生命力量，使包装容器设计不仅呈现出质朴和纯真的视觉感受，还蕴含了丰富的艺术精神和价值内涵。模拟和概括是基于自然界中的自然形态和人造形态进行创作的设计方法，具有生动和自然的特点，能够增强作品的情感和个性（图 3-1-9 至图 3-1-11）。在数字化和信息化时代背景下，人们对设计作品的要求不仅局限于实用性和美观性，还期待设计能够融入更多的精神、文化和情感元素。

图 3-1-9　纯自然－禅（zen）香水包装设计 1

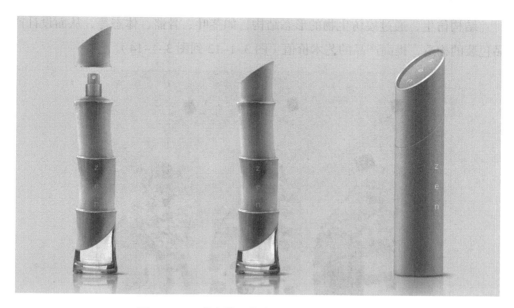

图 3-1-10　纯自然 – 禅（zen）香水包装设计 2

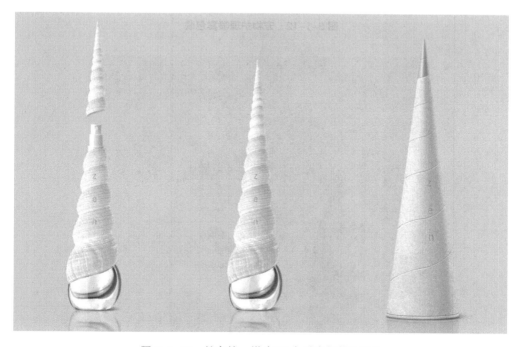

图 3-1-11　纯自然 – 禅（zen）香水包装设计 3

　　结构仿生，通过模仿生物的形态结构，如茎叶、骨骼、体态等，从而设计产品包装的构造，提高产品的艺术价值（图3-1-12到图3-1-14）。

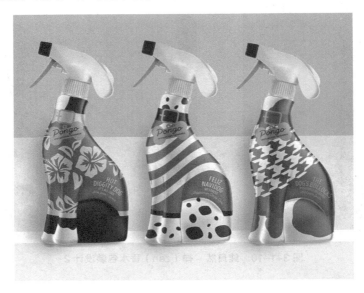

图 3-1-12　宠物护理喷雾包装

图 3-1-13　海豚形态包装

图 3-1-14　蜂巢形蜂蜜罐

质感仿生，模仿生物的自然属性，如肌理、纹理等，通过质感创造设计，增强产品的形态功能意义和表现力（图 3-1-15）。

图 3-1-15　花生形状的耳机包装

三、绿色低碳包装造型设计的心理语义

（一）心理描述

绿色低碳包装设计涉及设计师使用环保材料，并通过艺术手法对可感知的点、线、面、体等元素进行编码，形成一个系统。这些编码系统有序地传递视觉信息，刺激消费者的视觉，激发兴奋感。此时，包装的外在形式所展现的总体特征，如活力、动感、健康、和谐等，将对消费者的审美情绪产生诱导和心理暗示的效果。通过消费者的习惯知觉和包装作品的具体情境知觉的交互作用，会产生诸如"量感效应""同步效应""趣感效应"等心理效应，这些效应又会增强绿色低碳包装造型的感染力。

量感效应是由物体的实际质量和心理量感的相互作用产生的，即造型的物理尺寸与观者心理尺寸预期的交互。换言之，是造型作品在特定情境下的尺寸感与观者经验之间的交互作用。

心理尺度的定式是基于人们长期知觉经验形成的尺度感知倾向形成的。在感知空间造型时，人们会不自觉地对比同一空间内的不同形体。目前，一些商品的包装过于豪华，其容量并非基于消费需求合理定位，部分原因是企业缺乏对宏观环境的认识，以及错误地认为"大、贵、华"的包装更能吸引消费者，促进销售。这种主观臆断取代了科学的市场调研，或盲目跟随市场上其他产品的体量，未深入了解目标用户，尤其缺乏对目标用户生活方式的研究。这种豪华包装给消费者的量感效应是价格昂贵，即使实际售价不高，但长期形成的知觉定式使得这类产品不会进入他们的购买考虑范围。因此，这种豪华包装不仅导致了过度包装，也使企业错失了发展目标消费群体的机会。然而，一些简洁但科学实用、审美价值高的包装在销售展示中可能不占优势，但通过增加陈列数量，仍可增强量感效应，这就要求在包装设计时考虑整体陈列效果。

造型的量感心理效应是心理定式与实际尺度共同作用的结果，并且这种效应不是短暂的，能在审美情绪中产生持久的影响。量感心理效应的产生有一定的规律性，效应强度随造型尺度的变化而变化。心理学家的实验表明，人物雕塑在超过真人尺寸1.5倍时敬畏感较弱，超过3倍时敬畏感开始产生，而在4倍以上时敬畏感迅速增强。

同步效应主要由外形式的力度感和节奏感引起，使受众产生与力度感、节奏感同步的内心体验，这种体验在具有一定审美和艺术实践的人群中体现得尤为明显。同步效应使人下意识地产生"随刚而刚""随柔而柔"的内心体验，从刚劲有力的笔触、刀痕中感受到速度和力度，从轻柔流畅的线条中感受到轻松和舒展。产生同步效应的心理机制依赖于过去的经验，视觉受到外形式信息的刺激，引起直觉共鸣，从而引发对过去经验的回忆，体现了人体反应的协调性。

如图3-1-16所示，这是谭木匠木梳的具象形态仿生包装设计，模仿了鹿的形态。木梳的造型设计讲究，整体极似鹿的形态，将梳齿设计为鹿身，结合上半部分的鹿角，形成了一幅生动的鹿形图案。这样的设计不仅让一件普通商品变得生动有趣，充满情趣和生命力，而且对于具备相关知识经验的消费者来说，他们能够理解包装的隐喻含义，从而产生与设计者同步的内心体验。

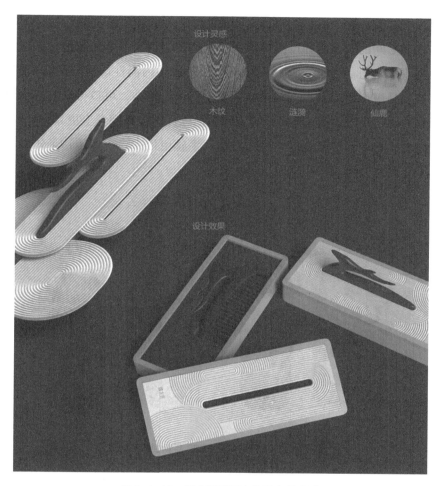

图 3-1-16　谭木匠鹿形木梳及包装设计

（二）示意性语义

创造示意性语义要求包装设计师寻找能够有效传递情感的语义符号，并将其融入产品设计之中。从符号学的角度来看，包装造型可视为一个综合系统，具备类比、隐喻和象征等类似语言的功能，用以传递造型本身的含义。在语义层面，包装造型的象征意义分为外延层面的直接示意和内涵层面的隐含示意，两者对于打造成功的产品设计至关重要。直接示意涉及符号与所指事物之间的联系，在设计实践中，通过功能性描述使包装造型具体化，如水平形态传递稳定感，直立形态传递挺拔感，曲面形态传递柔和感，不同颜色触发不同的心理暗示，等等。因此，"形式追随功能"的理念便自然形成。而隐含示意则涉及符号与所指事物的属性、特征之间的联系，即产品形象间接表达产品内容以外的其他含义，在特定情境下展现其心理、社会、文化的象征价值。这种内涵性语义与产品的识别度、市场定位、品牌形象以及新产品策略等紧密相关。例如，可口可乐的瓶身设计采用了国际通用的设计语言，其弧线和流线型的曲面造型在视觉上更具感性吸引力。其流畅的曲面符合人体工程学，便于握持，手感更佳，隐含地传达了年轻群体的心理和文化属性（图 3-1-17）。

图 3-1-17 可口可乐 2022 年新包装设计

人类利用自己创造的各类包装造型来传递信息，这不仅仅可以直接展示包装本身的性质和使用方法，还可以通过造型来象征某种意义，如流线形暗示速度，有机形态象征生命力，蓝色关联科技感，银灰色则代表精细，等等。因此，为了使包装造型的示意性语义更易于与消费者建立联系，设计师需要遵循人们的心理认知经验进行造型设计。

第二节　绿色低碳包装的平面元素设计

包装的平面设计，也称为包装的装饰设计或布局设计，是依附于包装立体结构的二维设计，它构成了包装外观的视觉形象，涵盖了图形、文本、色彩、符号等元素。整个包装的外部表面构成了一个整体，反映了商品的信息，但每个独立的外表面又代表了局部的形象。绿色低碳包装的平面设计的关键在于如何妥善处理各个平面元素的表现方式，以更丰富、更恰当地传递绿色环保的信息，这正是绿色低碳包装平面设计的核心目标。

一、绿色低碳包装设计中的图形

（一）信息传达——生动准确

确保信息传达的精确性是从人性化视角出发的，旨在帮助消费者迅速且准确地理解产品内容。图形设计作为视觉沟通的重要语言，处理图形时应当能够映射出商品的品质，捕捉其核心特征，并关注关键部分的典型细节。图形的精确性并不意味着它必须是直接或简单的。商品的特定功能、成分特性，以及品牌和商标的地方性、传统特色，可以通过间接而艺术的方式表达，实现特定的视觉效应，这是一种隐晦而精确的表达手法。图形的表现可以充满艺术感，其表现的空间和可能性极为广泛。通过塑造形象、营造氛围等手法，建立起与受众之间的情感联系，使信息传达在情感层面产生共鸣，真正打动人心，从而提高信息传达的有效性。在包装图形设计中，如果使用纯粹的视觉象征图形来传达某种信息或意境，设计师应当深入了解这些象征性视觉形态的语义特性。例如，几何图案的构成通常基于数学原理，使用直线或曲线进行精确的构图，其传达的信息体现了机械文明的冷静美感。而选择具有视觉吸引力的自由直线或曲线进行构图，则传达出强烈、大胆、柔和、缠绵的信息。

（二）视觉感受——直接有力

优秀的图形设计往往呈现出独特的具体形态，各种图形在视觉表现上各具特色，而相比之下，不同语言的文字在整体结构上却显得相似，这使得图形在识别性方面更具优势。图形之所以能够有效传递信息，是因为它通过具体形态的象征意义来进行沟通，人们在解读图形时会依赖于自己对形态的认知经验，这种深层次的参与有助于加深记忆印象。同时，人们对具体形态具有较强的记忆力，这也确保了图形的高记忆性。

绿色低碳包装设计需顺应时代潮流，使包装的视觉传达成为一种微型广告，注重图形的鲜明性和独特性。在处理简洁与复杂之间的关系时，应追求简洁而富有变化，复杂而不显杂乱，简洁而生动、丰富，复杂而纯粹、完美（图 3-2-1）。例如，通过意象图形从主观理想化的角度出发，用具体的形式表现现实中不可能存在的形象，创造出既具象又抽象的视觉吸引力。还可以通过不同形象的复合造型和一些非传统构成关系创造出特殊的形象。在表现技巧上，可以采用两幅或多幅摄影作品的结合、绘画与摄影的拼贴，或是不同绘画手法的结合。此外，也可以将具象图形打破常规编排，在简约中展现丰富性，在常态中寻求突破，从而产生独特之处。抽象图形则提供了更多的变化空间，能够在无形中暗示形态，激发人们的思考和联想。

图 3-2-1　化繁为简的茶盒包装设计

二、绿色低碳包装设计中的色彩

（一）恰当用色——以少胜多

追求包装色彩的和谐、简约和纯粹，实际上是为了避免包装上色彩的过度堆砌，避免五彩缤纷的华丽给人留下浮夸而不实的印象，避免造成视觉上的混乱。纯色相比混合色彩具有更强的对比度和冲击力，少量的颜色搭配比多种颜色更为醒目，以减少视觉混淆的不利影响；在可以用两种颜色的情况下，无须使用三种颜色，这样的用色策略并不意味着单调，而是经过深思熟虑和精心提炼的结果，能够简洁明了地传达信息，突出主题，给人留下深刻印象。恰当地运用简约的色彩语言，更能展示设计师对色彩的掌控能力，充分发挥色彩的潜力。

通常，几种简单的色彩组合就能成为企业产品中的标志性"形象色"，如富士胶片的绿色（图 3-2-2）、柯达胶片的黄色、百事可乐的蓝色等，都能准确无误地传达产品信息。我们可以从绘画、染织、陶瓷等其他工艺中提取简约的中性色调，从社会和宇宙中汲取灵感，打破常规的色彩运用范式，充分利用色彩的特性，展现设计的卓越之处。这种建立在准确信息传达基础上的恰当色彩设计，正是绿色低碳包装设计中绿色视觉设计的服务宗旨。当然，这种简洁和精练并不意味着牺牲信息的有效性，而是为了使包装设计的语言更加简洁、直接和有力。

图 3-2-2　富士胶卷礼盒

（二）对比合理——减少视觉污染

色彩在包装设计中扮演着至关重要的角色，正如王家民、张中义、孙浩章在《包装装潢与造型设计》一书中所指出的："包装所具有的力量在很大程度上取决于色彩如何调和及对比。在商店里要活泼而抢眼，买回家以后要柔和而不刺眼。"[1]这段话准确地总结了色彩对比与和谐在包装设计中的关键作用。回顾我国历史上的传统色彩搭配，我们可以发现，它们非常注重色彩的对比与平衡，正如万桂香在《民间美术的创新设计》中提到的"光有大红大绿不算好，黄能托色少不了"[2]，这反映了对色彩运用的深刻理解。

包装设计中的色彩表现手法多种多样，最常用的是色彩对比，包括色相对比、

---

[1]　王家民，张中义，孙浩章. 包装装潢与造型设计 [M]. 北京：中国轻工业出版社，2013.

[2]　万桂香. 民间美术的创新设计 [M]. 北京：中国纺织出版社，2019.

明度对比、纯度对比、冷暖对比、面积对比和综合对比这六种类型，它们能够使色彩的特征更加突出，效果更加显著（图3-2-3）。然而，过度或不当的色彩对比可能会产生过于强烈的视觉冲击，让人感到眼花缭乱，甚至显得俗气。因此，对比色彩的搭配需要精心设计，以达到既鲜艳又不失高雅的效果。

近年来，针对城市建设中忽视色彩科学和广告过度使用的问题，专家呼吁治理"色彩污染"，改善和规范城市环境的色彩应用，消除环境中的色彩垃圾。广告商为了追求宣传效果，滥用刺激性强的浓重色彩对比，这不仅影响了人文环境，也对公众的身心健康造成了侵扰。在包装色彩设计中，我们同样需要防微杜渐，适度控制色彩对比的使用，避免色彩污染。

图 3-2-3　经典对比色在包装设计的使用

（三）营造情感——体现色彩宜人性

绿色设计理念强调包装色彩设计应体现人性化特征，旨在为消费者带来精神上的愉悦和审美满足，同时让他们感受到色彩设计所营造的高品质生活氛围。这种人性化的设计要求设计师以"人"为核心，致力于打造更加舒适和美观的包装产品。

美国色彩研究中心进行的一项实验显示，研究人员将煮好的咖啡分别倒入红色、黄色和绿色的咖啡杯中，供参与者品尝比较。结果显示，参与者普遍感觉到不同颜色杯中的咖啡味道存在差异——绿色杯中的咖啡偏酸，红色杯中的咖啡味道醇厚，而黄色杯中的咖啡味道较淡。基于这一系列实验，专家得出结论，包装颜色能够显著影响人们对商品的感知。因此，在包装设计中，巧妙地运用色彩情感规律，充分发挥色彩的暗示作用，能够有效吸引消费者的注意力和兴趣。

　　绿色低碳包装色彩设计要求设计师将色彩设计与主题情境相结合，为消费者创造愉悦、刺激和美的体验。例如，图 3-2-4 中的茶饮料包装，瓶身自然呈现出淡淡的茶色，仿佛让人闻到了饮料的香气。

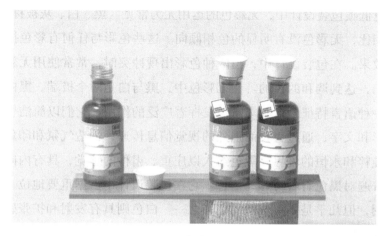

图 3-2-4　茶饮料包装设计

　　在实施绿色低碳包装的色彩设计过程中，设计师需要考虑到消费者在年龄、职业、性别、生活习惯、所处环境和地理位置等方面的多样性，以此来强调色彩的适宜性和个性化。例如，在设计针对男性的产品包装时，应倾向于选择那些表现出稳重、端庄和品味感的色彩；而对于面向女性的产品包装，则应选择那些能够表现浪漫、温馨和活力的色彩；儿童产品的包装色彩应选择那些鲜艳、生动、活泼和明亮的色调，以吸引儿童的注意，并激发他们的兴趣。通过这样的差异化设计，可以更好地满足不同消费者群体的审美需求和心理预期，从而提升包装设计的吸引力和市场竞争力。

（四）巧妙运用无彩色

　　自 19 世纪 30 年代起，包装行业开始广泛采用印刷标签来提升产品的吸引力，尽管最初这些印刷品多为单色。随后，彩色印刷技术的革命性发展使得包装设计进入了一个新的时代。19 世纪 50 年代到 19 世纪 80 年代，市场上涌现出大量采用彩色精细印刷的包装产品，尤其是在酒类、烟草、酱油、卫生用品和药品等领域。许多世界知名品牌正是借助彩色标签的包装设计崭露头角的。在众多商品包装设计中，大多数采用鲜艳、引人注目的色彩以吸引消费者的注意，因为丰富的色彩不仅能够传递多样的情感，还能展现产品的品质风格和装饰魅力。然而，印刷技术的进步虽然极大地丰富了包装展示手段，但彩色印刷包装的普及间接导致了环境污染问题。

在绿色低碳包装设计中，无彩色的运用尤为常见。黑、白、灰被称为中性色。与有彩色相比，无彩色没有明显的色相倾向。这些色彩与任何有彩色搭配都能产生和谐的效果。在包装设计中，当两种色彩出现冲突时，常常使用无彩色来缓和并连接它们，达到调和的目的。在无彩色中，黑与白是两个极端。黑白在平面设计中作为一种语言特征，以其丰富性发挥着广泛的作用。它们以简洁个性化的方式概括图形和文字，通过直接而强烈的视觉信息传递，创造气氛和印象，使设计作品达到纯粹和永恒的境界。黑色给人以庄重、肃穆的感觉，具有内向的积极作用，人们普遍对黑色有着特殊的情感。它在包装设计中占据重要地位，虽然不宜大面积使用，但几乎是不可或缺的色彩之一。白色则具有发射和扩张感，给人以明朗、透气的感觉，象征着纯洁、清新和轻快，同时白色也具有双重性。

有彩色具有各自鲜明的属性，而无彩色中的黑、白、灰也具有特定的色彩内涵。无彩色在人们心中早已形成了完整的色彩特性，并迅速被人们接受，被誉为永恒的流行色（图3-2-5）。

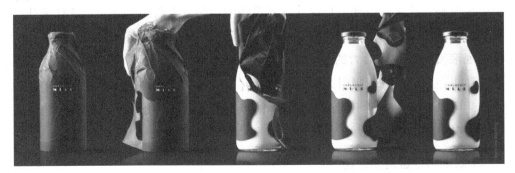

图 3-2-5　国外某品牌牛奶包装设计

（五）合理运用材料固有色

随着现代科技的进步和新材料的持续出现，一方面，包装容器的造型视觉表现力得到了增强，另一方面，也促进了全新审美观念和审美趣味的形成。在新材料的帮助下，设计师得以充分展现这些材料的独特魅力，但有时这也可能掩盖了包装容器本身材质和色彩的自然美感。包装容器的设计依赖于各种自然或人造材料来实现其形态，这些材料构成了包装容器造型的物质基础。包装容器的艺术感染力通过材料的光泽、色彩、形状等自然属性传递给我们的感官。

纸质包装主要由天然植物纤维素构成，易于被微生物分解，在自然环境中能够迅速降解，不会对环境造成污染，从而降低了处理包装废弃物的成本，同时原材料来源广泛且易于获取。纸质包装已经成为当今广泛推崇的绿色低碳包装方式之一。

三、绿色低碳包装设计中的文字

在包装设计中，文字扮演着至关重要的角色，它是构图中的核心元素，不仅是信息传递的工具，也是构成视觉吸引力的关键因素。优化文字设计，发挥其独特功能，是设计过程中不可忽视的关键步骤。

绿色设计理念的提出促使我们对文字设计进行更深入的思考，这无疑将推动文字设计理论的进一步发展。非物质化的绿色设计理念对包装文字设计的影响将是深远的。从消费者的角度出发，虽然包装文字设计的美感很重要，但并非首要考虑因素。绿色设计理念要求文字设计应体现易见性（识别性），即让消费者能够轻松识别商品信息。同时，绿色低碳包装设计还要求文字设计与整体包装设计相协调，提供视觉上的舒适感，满足宜人性的需求。

（一）合理设计字体结构

在绿色低碳设计理念的指导下，包装中的字体设计首先需要确保其可见性，其次是其美术性。即使字体经过艺术化处理，它仍然应该是清晰可见的，并且不失去原有字义。字体设计不仅要准确传达字面意义，还要平衡艺术性和识别性。设计师不应仅为了追求艺术效果而随意改变字体结构或增减笔画。在创造新字体时，应有一定的规则和限制。对于品牌名、商标等，设计人员可以根据设计意图进行创意变化，而对于用途、说明、生产部门、国别等信息，则必须使用规范的字体书写，以避免误解和混乱。设计不应过于复杂或难以理解，否则即使字体设计再美观、新颖，如果导致信息难以解读或产生误解，也是不可取的。书法字体的使用也应特别考虑其易读性。否则，不仅会降低文字的可读性和辨识度，还可能削弱文字的基本功能，导致包装设计的失败。总之，在绿色低碳包装设计中，字体设计应结构合理、简洁明了、易于识别和记忆。可口可乐的包装字体设计就是一个典型例子，它简洁而醒目，体现了非物质化绿色设计理念的要求。

设计合理的包装中文白的比例应为文字在画面中约占 25%，而空白空间则占据超过 70% 的比例。通过有效利用疏密对比和人的视觉生理反应，强化了对 25% 文字的关注，画面中没有多余的元素，使得视线自然集中于商品的品牌和主体形象上，从而使商品信息更加突出（图 3-2-6）。

图 3-2-6　化妆品包装上简洁醒目的字体设计

（二）文字编排统一优美

包装设计中的文字编排是提升整体视觉效果和传达效率的关键环节。设计应强调系统性和系列化，以建立统一的视觉形象，确保视觉流动的合理性，并提高阅读效率。在单个画面中，应避免使用过多风格迥异的字体，同时，设计不应仅仅聚焦于局部美观，而应从整体视角出发，关注笔形的协调性、结构的严谨性、不同字体间的关系以及整体风格的一致性，从而增强字体的表达力和感染力。

在包装文字的编排设计中，应在画面中为文字安排合适的位置，并运用形式美的法则进行创造性的整体设计。这样的设计应使文字与其他元素之间的编排多样化、层次分明，既富有变化又不失和谐统一。在编排文字时，还应注意合理规划笔画间的空白、字距和行距的空白以及字组与图形间的空白，确保整体空间关系的协调，使画面布局疏密得当，视觉流程更加合理和流畅。设计师可以将不同大小的图形和文字视为点、线、面，并进行各种变化和组合，通过编排设计，形成一个统一而具有整体性的新形态（图 3-2-7）。

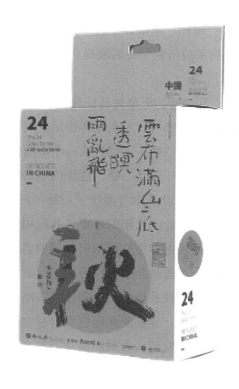

图 3-2-7　合体字包装设计中的字体编排

（三）利用汉字字体的独特性

在绿色低碳包装设计中，汉字以其独特的构成形式成为一种充满生命力和感染力的设计元素，具有其他设计元素和方式难以比拟的效应，展现出强烈的说服力和感染力。汉字作为语言的书面符号，在商品包装中扮演着传递信息和沟通情感的重要角色。与拉丁字母相比，汉字的笔画繁多，数量庞大，提供了丰富的设计资源。不仅如此，汉字还超越了其作为文字的基本功能，被赋予了装饰性符号的角色。汉字的笔画、字体、形态，甚至是字体间的间隔，都可以成为设计的出发点，使汉字变得生动而富有表现力，迅速吸引消费者的注意，并与之产生审美上的交流。此外，由于汉字的象形特性，设计师可以从汉字的寓意出发，将商品的属性与汉字相结合，采用元素替换的方法，将商品与汉字有机地融合在一起，从而使商品脱颖而出，展现个性。在当今计算机技术高度普及的时代，我们能够利用科技手段创造出许多意想不到的视觉效果；通过汉字设计，我们可以创造出各种艺术氛围，如复古、现代、激情、宁静、张力、内敛、豪放、雅致等，而这些氛围都能通过现代科技手段得到完美的展现。

1. 将汉字形象化

汉字作为象形文字，其独特的形象化特征为包装设计提供了丰富的创意空间。设计师常常巧妙地将汉字的字形与其形象化所指结合起来，创造出既直观又具有吸引力的包装设计。例如，将"酒"字设计成一个酒瓶的形状，不仅直观地传达了商品的属性，也使得包装设计独具一格，这样的形象化设计能够有效地抓住消费者的注意力。同时，在包装设计中考虑汉字与环境的结合也同样重要。例如，将"春"字中"日"的部分设计成太阳的形象，并应用于儿童产品的包装上，这样的设计不仅生动活泼，而且能够更好地与目标消费者（儿童）产生共鸣。在品牌命名时，许多生产商也会考虑商品的个性特征进行命名，使得消费者在看到品牌名称时就能联想到商品的特性和功效。这种设计策略有助于在消费者心中建立起品牌与商品特性之间的联系。非物质化绿色设计理念强调在商品包装的字体设计中应体现出品名的内涵，激发消费者对商品功能和个性特征的联想，从而引导消费者的购买行为。这种设计理念倡导的是从包装到商品的内外一致性，通过字体设计的巧妙运用，不仅提升了商品的识别度，也增强了商品的市场竞争力。如优可舒的"猫肚柔巾"系列洗脸巾（图3-2-8和图3-2-9），为了体现出洗脸巾的亲肤感，使用了猫这一常见的宠物形象，让消费者感觉到亲近、自然。在字体的设计上，为了突出猫的可爱形象，也将"猫"的字体设计进行了变形，使得字体的外观更为圆润，正与猫的个性和商品的功效相对应。

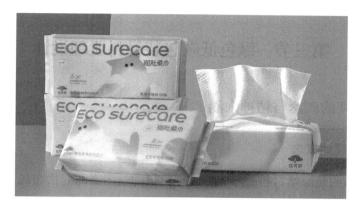

图 3-2-8　"猫肚柔巾"系列洗脸巾 1

图 3-2-9　"猫肚柔巾"系列洗脸巾 2

2. 书法的应用

书法不仅是一种文字书写的艺术，更是汉字设计的一种形式。它超越了文字本身的功能，成为一种纯粹的艺术表达。书法作品蕴含了书写者的思想、情感、修养和个人爱好，其流动的生命力量在与观众的交流中实现了生命与生命的对话。得益于民族传统哲学思想的滋养，书法艺术历经数千年的沉淀与发展，至今仍然充满活力。在当代商品包装设计中，书法作为一种艺术设计形式和理念，继续展现出其独特的魅力和生命力。例如，中国坚果品牌百草味的包装设计在传统书法艺术的运用上就颇具创意，有时还会结合不同的书法风格，如楷书、草书、行书等，以展现产品的不同特点和品质。

这种设计不仅展现了商品的文化价值，也提升了包装的艺术美感，使得消费者在欣赏和使用过程中能够体验到独特的文化韵味。

第三节　绿色低碳包装材料肌理设计

一、肌理的概念与精神内涵

（一）肌理的概念

肌理，指的是原始材料的质感；纹理，指的是图案的起伏布局。肌理是物质特性在感官上的体现，是物体形态的表现，它侧重于外在表现，通常不涉及物质的内部构造。物质的肌理涵盖了有序或无序的纹理和色彩，构成了物质的表面图案，是产生平面感觉的视觉信息来源。肌理的视觉感受是物质吸引我们的第一个条件。

不同的肌理形态特征、构成关系以及视知觉特性等都是绿色低碳包装设计中科学运用肌理构成所需研究的内容。人们（正常人）对物质的感知首先是视觉的（当然也包括听觉和嗅觉），然后（在有条件的情况下）是触觉的。人们常有这样的经验：婴幼儿如花朵般娇嫩的脸庞，红润、光滑、细腻、柔滑、富有弹性，这是一种生命之美，这种美通过婴幼儿柔嫩的皮肤肌理质感充分展现出来，唤起人们对美好事物的情感共鸣，常常忍不住想要亲近美物，俯身亲吻或轻轻抚摸。通过对婴幼儿细腻肌肤的视觉与触觉接触，获得更深刻的感觉体验，同时也获得了对这种美的更完整的感知和情感满足。然而，人们往往不是通过触摸来感知肌理状态，而是通过视觉来体会的，因为在日常生活中积累的经验使人们即使用眼睛也能感受到触觉肌理。视觉肌理可以实现知觉迁移，激发情感联想，强化内在意义。

（二）肌理的精神内涵

1.肌理的表情

肌理的表情指的是材料的多样肌理效果对人们造成的视觉心理作用和引起的情感反应。

自然材料表面的肌理美感在人们的视觉和触觉中激发，实现了产品内涵的传递。常见的包装材料包括：表面平整光滑的石材，质地坚实、纹理清晰的木材，象征自然和高洁的竹材，冷漠而高贵的金属材，给人以亲切和粗犷感的陶土材，柔软舒适且豪华典雅的皮革材，以及干净明亮的玻璃，等等。此外，通过现代设备如计算机处理生成的具象和抽象肌理，能够传递更加丰富和复杂的感受。

消费者对不同材料肌理和质地的心理感受存在显著差异，这主要是由于不同材料的肌理感觉决定了它们的独特性和相互间的差异性，从而产生了不同的心理影响。在包装设计中，常常利用材料肌理的独特性和差异性来打造个性化的产品包装。例如，竹子这种天然植物因其材质颜色差异小、色调统一、表面光洁平滑等特点，常被选作包装原材料。

2. 绿色低碳包装材料肌理的审美价值

包装艺术是设计师通过特定的物质载体和制作工艺，将内在的思维和情感转化为三维空间形态的创作。因此，肌理在包装设计和欣赏过程中扮演着关键的角色，具有深远的意义。然而，肌理的物质性本身并不直接具有审美价值。它的艺术意义和价值在于它作为创造者或欣赏者内心现实的外在映射，即人的审美理想、情感和品格的外在表现。肌理的审美意义和价值完全取决于主体——人，取决于其感性形态特征与主体观念情感的交融。因此，肌理的审美本质是人的本质力量的情感展现，创造肌理审美价值的心理机制是"心物一体"的理念。格式塔心理学派认为，知觉对象的"形"并非客体固有属性，而是一种高度组织化的知觉整体，即格式塔性质的力的结构形式。在心理与视觉容器之间的"场相互作用"下，同构的张力模式被激活，产生审美知觉。这种心物同构赋予视觉客体以审美意义和价值。

中国传统文化在农耕环境中孕育而生。长期遵循自然规律、观察天象、种植五谷，使人们认识到人与自然的神圣联系和审美价值。因此，人们崇尚自然，顺应自然，主张"天人合一"。在中国传统观念中，"天人合一"是一种稳定且普遍的思维模式，强调对立双方的融合、沟通和不确定性。因此，"天人合一"意味着主体与客体的合一，消除显著差异，达到个人与宇宙合一的境界。这是一种纯粹的审美精神，它所体现的是心与形、万物与自然和谐统一的诗意光辉。作为我们祖先最早使用的包装容器之一的陶瓷，其肌理观念便受到这种文化精神的指导和影响。它主张物我合一，主动从物质的感性形态中感受人的价值和尊严。这种肌理观念使主体在选择物理材质时不受理性限制，而是强调符合个人目的。因此，这种肌理规则不受理性遮蔽，而是充满了人性的光辉。

与中国传统肌理观念相比，现代的唯技术肌理观既背离了中华文化的传统精神，也背离了现代人的审美需求和理想。现代人对环境的期待，本质上是对主体与客体融合的审美环境的期待。而唯技术肌理观崇尚技术理性，以不带主观感情色彩的技术标准来评价和规范制品表面的肌理效果，排斥反技术和反规范肌理的倾向。这不仅限制了创作者在观念上的自由选择和探索肌理语言的能力，也限制了欣赏者在观念上的审美形象创造。这一切都影响了审美主体与审美客体交融对话的自由性和丰富性。现代生活已经提出了反思和批判唯技术肌理观的要求，现代艺术的实践也在顺应这一要求。因此，绿色低碳包装设计必须与唯技术肌理观划清界限。在材料方面，它不仅关注包装效果，更强调安全性、自然性和无污染性；在工艺方面，它不重技术规定，而重技术的肌理效果，常常有意识地利用反技术的缺陷肌理。总之，包装材料肌理的丰富性潜能在绿色低碳包装中得到了充分的展示，使作品本身具有内涵的多义性和高度适应性。绿色低碳包装为主体的人提供了丰富的开放性审美环境，为主体的人提供了观照自身、观照自然的对象。

二、材料肌理应用在包装设计中体现的绿色低碳理念

在包装设计中，材料肌理的应用体现了绿色低碳理念的三个层面：首先，是绿色环保材料肌理的直接运用，这涉及从自然界直接获取材料，选择那些可以循环使用的材料肌理，或是直接利用环保材料的自然纹理；其次，是自然肌理的仿真应用，即在不损害生态平衡的条件下，使用环保材料来模拟自然纹理；最后，是再生环保材料肌理的利用，这涉及对已有的废弃物料进行再利用，实现废物的再生，这是最为环保的做法。绿色低碳设计不仅仅是一种生态和环境设计，更是一种环境意识的体现。绿色低碳设计理念的核心在于，在与自然环境的互动中，设计应以不破坏环境为原则，尽量减少设计活动带来的污染，尽可能节约环境资源，强调设计的人性化和可持续性。随着高科技带来的智能化生活，人们依然渴望享有清新的空气、洁净的环境和绿色的自然。在这种情感驱动下，消费者期望通过包装设计感受到绿色低碳和环保的氛围。因此，设计作品能够传达绿色低碳理念已成为当今包装设计师必须考虑的一项常态要素。

（一）绿色环保材料肌理的表达

许多食品包装以往主要采用塑料等一次性材料，这些材料使用量巨大，对环

境造成了严重的污染。但现在，越来越多的商家开始转向使用更加环保的绿色低碳材料来包装食品，这些材料的表面肌理在消费者的食用过程中传递出一种绿色安全的感觉。

　　直接从自然界获取的天然材料用于食品包装，无论是视觉上还是触觉上，都能让人感受到一股清新的自然气息。这些天然材料有些是自然界自我更新的产物，如树叶和花瓣等，尽管它们的生命周期很短，但在包装中的直接应用却具有极大的价值。例如，在图 3-3-1 展示的一款糯米饭团的包装中，人们使用晒干的竹叶来包裹饭团，这种带有斑驳竹叶肌理的包装不仅是自然生命的体现，也给人以视觉上的享受。而图 3-3-2 中展示的水漾羹小吃包装，则采用了真实的竹筒，并用新鲜的竹叶封口，这种新鲜的竹叶肌理向消费者传递了绿色健康的概念，让人们吃得更加安心。即便这些包装被丢弃，也不会对生态环境造成破坏，因为这些天然材料能够被土壤中的微生物自然分解，并且还能为土壤提供养分，因此对自然环境完全无害。

图 3-3-1　天然竹叶糯米饭团包装

图 3-3-2　天然竹筒竹叶包装

（二）自然肌理仿真的表达

在包装设计实践中，我们不应持续不断地破坏自然环境以获取材料，因此在不损害生态平衡的基础上，采用环保材料来模拟自然肌理，是一种理想的解决方案。常见的天然材料肌理包括竹子、木材、花草等，这些仿真的自然肌理能够为人们带来丰富的视觉体验，触动内心深处对大自然的质朴感受。

通过广泛运用天然材料的肌理，设计师能够为受众提供视觉上的情感体验。许多设计师通过模仿天然材料的肌理，使包装设计传递出绿色低碳的理念，并通过肌理的融入提升了设计的品质。例如，有商家使用环保材料模拟竹筒的肌理，这种仿生模拟让人们在视觉上产生错觉，与以往的经验相联系，激发幻想，感受到自然的气息，满足人们对自然健康生活的追求。

另一种仿真自然肌理的方法是利用摄影技术捕捉天然材料的近距离纹理。如图3-3-3所示，这是一个模仿芭蕉叶的香蕉手提袋包装，它打破了传统的塑料水果袋包装的常规，整个包装的外观如同一片真实的芭蕉叶，形象逼真，内部则印有产品信息。这种葱绿的芭蕉叶肌理为人们带来了新鲜自然的感觉，仿佛通过包装就能闻到香蕉的清香。利用自然肌理所带来的丰富情感体验，这些设计散发着天然的绿色气息，为人们的生活增添了一份亲近自然的感受。

图3-3-3　香蕉手提袋

（三）再生环保材料肌理的表达

再生环保材料的应用，即对已经产生的废弃物进行回收再利用，是一种特别体现绿色低碳和可持续发展理念的方法。

随着社会经济和科技水平的迅速提升，人们的物质生活水平得到了极大的提高。但工业的快速发展不仅导致了对自然资源的过度开采，而且每天还会产生大量的废弃物，给环境带来了巨大的负担，严重破坏了我们赖以生存的地球生态环境。在钢筋水泥构成的城市中，人们生活在垃圾堆积和资源日益短缺的环境中，在这样的背景下，绿色低碳设计理念不仅体现了一种自觉的环保意识，也反映了人们对绿色自然世界的向往和情感追求。

过去，将大量垃圾进行填埋处理，表面覆盖草皮，以绿色的外表掩盖肮脏的地下环境，是极其不负责任的表现。但现在，我们可以利用先进的技术手段对这些废弃物进行再利用，将它们转化为有价值的资源，赋予肌理全新的表达，让废弃物焕发新生。回收的塑料、废纸等废料经过技术改造后，依然能够焕发出新的活力。例如，图 3-3-4 中展示的饮料包装瓶盖，看起来像是一块充满质感的大理石，实际上这些瓶盖是由废弃的可口可乐塑料标签经过高温处理和变形后，色彩混合产生了大理石般的质感。这些本应被丢弃的废料，在经过创意和工艺的转化后，在另一个空间中带来了独特的艺术体验，并传递出了低碳环保的理念。

图 3-3-4　饮料包装瓶盖

第四章　绿色低碳包装设计的方法

本章主要讲述绿色低碳包装设计的方法，包括四部分，即绿色低碳包装材料的选择、绿色低碳包装的结构设计、绿色低碳包装的印刷工艺、包装废弃物的回收处理。

第一节　绿色低碳包装材料的选择

一、绿色低碳包装选材的优先顺序

绿色低碳包装材料的选用原则：通过包装物的生命周期分析，选择包装材料时，应优先考虑那些环境影响小、寿命长，且在生命周期内消耗能量少、便于回收再生利用的。绿色低碳包装选材的优先顺序：①未配备外部包装。②采用最精简的包装方式。③支持回收与重复填充使用。④包装的可循环。

经过充分评估，我们认识到可回收、可重填利用或可循环的包装方案是当前情境下最为合理的选择。这种方案致力于从根本上降低包装对环境造成的负面影响。然而，我们也必须认识到，回收所带来的实际效益和效果往往难以准确预测，这主要受到回收体系完善程度以及消费者环保意识等多重因素的影响。

二、绿色低碳包装选材的原则

（一）选用可再循环的材料

宝洁公司积极采用高质量的塑料包装材料聚对苯二甲酸乙二醇酯（PET），这种材料常见于饮料包装，具有可循环、清洁等特性。选择这种具有良好回收和再利用性能的包装材料，是宝洁公司实现绿色低碳包装的重要策略之一。

但是要注意回收率的影响。宝洁公司对咖啡的包装进行了对比分析：装有13oz[①]咖啡的金属罐和塑料包装，当金属罐的循环率达到85%时，二者的废物处理情况才持平。

（二）选用可降解材料

生态或自然回归指的是一种材料在特定条件下能够被微生物或其他生物降解成较小的化合物或元素的性质，这被称为可降解性。可降解性并不意味着材料在特定时间内是不可回收利用的。相反，可降解的材料可以通过适当的处理和工艺被回收利用。例如，日本高崎造纸公司利用苹果渣这种食品工业废弃物来生产果渣纸。其方法非常简单，只需除去果渣中的籽粒，将其捣成浆，再加入适量的木质纤维即可制成。这种果渣纸使用后容易分解，可以焚烧或用于堆肥，也可以回收重新造纸，而不易污染环境。

（三）尽量使用同一种包装材料

为了提高包装物的回收和再利用性能，减少不同材料包装物的分离，应尽量避免使用由不同材料组成的多层包装体，而是优先选择使用同一种包装材料。

如沏派茶的包装，围绕"返本还源"理念进行设计，将外盒类比为一方土壤，与内盒一起还原茶叶根植于土壤的本初生态，创造至真至纯的极简自然感。该设计以简叙繁，回归本源，材质上使用纸板一次加工完成，节约资源，减少工业污染。在设计上摒弃复杂元素，以更强的包容性触发大众的自由想象，赋予设计二次生命力（图4-1-1）。

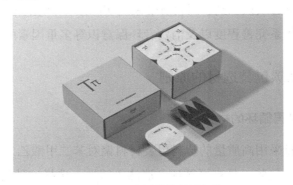

图4-1-1　沏派茶的纸板包装

① oz：盎司，1oz=28.350g。

（四）尽可能减少包装材料的使用

减少包装材料的使用，在满足保护、审美、便利、销售的前提下，有助于降低各项成本，并提升了商品的摆放寿命。

例如，APTI 公司研制的保护性气囊包装，其内外两层均采用低密度聚乙烯（LDPE）材料，通过利用空气作为护垫，不仅实现了包装的保护功能，还展现了其审美和便利性。此外，该包装分为抗静电和非抗静电两类，为各类商品，尤其是静电敏感电子产品提供了有效的包装解决方案。密封后的包装产品可承受约 5791m 的空运高度。和其他同类包装相比，这种可以很多次重复使用的气囊包装节约了 30% 的用料，节约了 35% 的运输成本，节约了 90% 的存放空间。经测试，利用该保护性气囊后商品受损率为零。

（五）重用和重新填装的包装

要建立好相应的重新填装网络和体系；同时，要考虑包装物收集和清洗的成本，以及对环境的影响。重用和重新填装的包装可以提高产品包装的使用寿命，从而减少包装废弃物对环境的影响。例如，可以使用五次以上的是经过二次填充的打印机喷墨盒、碳粉盒。又如，所有的玻璃瓶、塑料瓶都按照标准设计制作，真正实现了系统化的是芬兰的瓶装业。棕色玻璃瓶统一用于啤酒瓶，透明玻璃瓶或聚酯乙烯瓶则采用于其他饮料，90% 的饮料采用了可回收、可重装的瓶类包装。平均每个玻璃瓶的使用寿命长达五到十年，每年新灌装约五次。由于各个厂家之间达成了这种一致和统一，不论最初生产厂家是谁，统一标准的瓶类包装都可回收给任意的饮料供应商，并在那里重新灌装，供应商的灌装设备也是与统一的瓶类规格相吻合的。完整的可返还包装系统决定了瓶类的可返还重装率。消费者购买产品时为包装瓶支付一定的押金，并在退还包装时收回押金。包装供应商在运送新包装的同时就可以同时收回消费者退回的饮料瓶。芬兰的许多大型跨国公司都采纳了这样的方式，芬兰的饮料瓶就被百事公司采用了。由于包装的统一化，需要设计师设计出品牌识别性强的标志和图案，以表明产品的身份或个性。重复使用包装是芬兰在欧洲国家中人均年产垃圾数量最少的重要原因。芬兰 85% 的玻璃、70% 的塑料、90% 的金属都可得到重新使用，该国每年使用的 120 万吨包装材料中（纸板除外），有 81 万吨是可重复使用的。

在芬兰的实践中，系统化的包装方式并不是只为某一个特定的产品、公司或国家设计的，而是需要各个参与方，如包装生产商、供应商、产品包装商，以及大量的零售商和分销商等的紧密协作。此外，重新填装还被成功地用于洗发水、洗涤剂等家庭用品上。

第二节　绿色低碳包装的结构设计

一、瓶盖和封缄的可持续性设计

（一）瓶盖设计

1.（皇冠状）金属瓶盖

（皇冠状）金属瓶盖适用于在瓶顶施压并在瓶颈的玻璃环处密封的瓶子。（皇冠状）金属瓶盖是世界上第一种瓶盖，它是由威廉·佩因特（William Painter）于1891年在美国港口城市巴尔的摩发明的。之所以以"皇冠"命名，是因为威廉·佩因特曾说："盖上瓶盖仿佛是为瓶子加冕，赋予瓶子美丽的视觉效果。"[①]

如图 4-2-1 所示，（皇冠状）金属瓶盖的使用需要一种特殊的瓶子构造，珠状的上部和越靠近顶端越细的下部，以及珠状结构的外部直径约为 2.5cm，这些基本上沿袭了 100 多年前的设计。瓶盖被置于珠状构造之上，通过冠状压盖工具或机器，使瓶盖卷曲形成密封状态。要获取瓶中的物品，人们会使用小型的手持开瓶器。

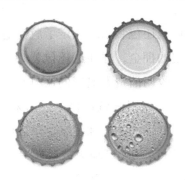

图 4-2-1　（皇冠状）金属瓶盖

① 杨浩婕. 产品包装及其在低碳经济下的新发展 [M]. 长春：吉林摄影出版社，2019.

　　（皇冠状）金属瓶盖在它诞生之初并未立刻获得认可，因为它的使用需要新的瓶型、新的灌装机器以及统一的制瓶工艺，这些技术在 20 世纪初期才刚刚起步，并不可能大规模实现。在 19 世纪 90 年代末期至 20 世纪初，出现了更好的手工制瓶方法，加上 1910 年前后自动灌装机器的普遍应用，（皇冠状）金属瓶盖迅速取得了良好的市场占有率。

　　（皇冠状）金属瓶盖的材质在一次使用加盖之后能够被回收再利用。而运用（皇冠状）金属瓶盖的玻璃瓶因为造型固定，也一样能够被反复多次利用。

　　2. 滚压盖

　　滚压盖应用于瓶颈处有简单的连续螺纹的瓶子。滚压盖（图 4-2-2）具有密封性良好、开启方便以及易于重新密封等特点。鉴于这些特点，滚压盖在食品饮料、化工及药品包装等方面得到了广泛的应用。

图 4-2-2　滚压盖

（二）封缄设计

　　1. 旋拧式封缄

　　旋拧式封缄通过不同的螺纹设计制作而成。旋拧式封缄是常见的封缄形式之一，它有着许多不同的螺纹形式。这些不同的螺纹形式可以大致归类为两种：内部螺纹结构及外部螺纹结构。

　　内部螺纹结构（图 4-2-3）的特点：螺纹结构位于容器内壁，而容器的外观与其他形式的瓶体容器并无差异。容器内壁的连续螺纹有着不同的形式，但封盖的材质基本相同，都为橡胶或者玻璃，封盖的外壁上也有相应的螺纹结构。

图 4-2-3　内部螺纹结构

外部螺纹结构（图 4-2-4）的特点：容器瓶口的外壁有着连续的凸起螺纹，而对应的封盖内壁也有匹配的螺纹结构。当旋拧封盖时，能够关紧密封。外部螺纹结构有着各种各样的形式，封盖的材质也较为多样化，除了金属、橡胶以外，还有如今应用较为普遍的塑料材质。可以说，外部螺纹结构使旋拧式封缄成为最成功的封缄形式。

图 4-2-4　外部螺纹结构

2. 软木塞封缄

软木塞（图 4-2-5）最常用于密封酒瓶。在口吹玻璃瓶为主导容器的时代，最为常见并且最为实用的封缄形式是软木塞。由于软木塞的推广性强，以至于在 20 世纪早期机械制瓶时代到来时，它并没有被其他新的封缄形式所替代，而是被延续了下来。

图 4-2-5　软木塞

软木塞是由橡胶树的树皮制成的。它的特点是能够完美地契合口吹玻璃瓶的瓶口。不规则形的软木塞在水中泡软并挤压成适合瓶口的形状，这一特性适合于手工业时代。

软木塞通常用于酒的密封，但在非洲、亚洲以及拉丁美洲的一些国家和地区，它也用于蜂蜜、食用油等一些食品的密封。

软木塞的使用方法十分简单，用手或者塞瓶机器向瓶内挤压软木塞，使之形成对于瓶子内部或者瓶颈内的摩擦。有时，软木塞的使用还配以一些辅助的密封材料，如锡纸。锡纸的使用使软木塞的位置相对牢固，并且能够帮助隔绝外界空气。

当碳酸饮料（如汽水、啤酒、香槟）的包装使用软木塞时，必须格外注意。在打开瓶盖时，为了防止瓶中压力将软木塞弹出，应松动软木塞，使瓶中的二氧化碳慢慢排出。

软木塞取材天然，制作简单又可循环使用，是十分环保的密封方式。但近几年来，塑料制的瓶塞开始逐渐取代天然的软木塞。在重复使用时，天然的软木塞必须先浸泡于热水之中，而塑料制的瓶塞则不用，显然，塑料制的瓶塞使用起来更为方便。

二、包装形态结构简约设计

（一）球形包装的简约设计

球形包装在工业领域应用范围很广，包括非高速公路车辆、农用设备、采矿和伐木设备、包装和纺织设备以及机器人。其生产线符合 1/2 到 12 in[①] 的标准工业口径尺寸。

例如，香水的瓶身大都采用球形设计，使用球形包装的设计在当下的商品包装中十分普遍（图 4-2-6）。运用球形包装可以最大限度地节约包装原材料。换句话说，在需要运用最少的表面材料来包裹较多物品时，球形包装是个十分好的选择。由数字计算可知，在体积相同的情况下，所有几何形体中球体的表面积最小。

图 4-2-6　球形香水瓶造型

（二）方形包装的简约设计

在方形包装结构中，立方体的结构应作为首选。这是因为通过数学计算可以知道，在同样体积的情况下，长方体的表面积要比立方体的表面积大。

如果我们将长方体的长边再加长，包装同样数量的物品，那么所需的表面包装材料会更多。如果我们将包装的边长改为 0.5m、1m、2m 时，其总面积为：$1 \times 0.5 \times 2 + 2 \times 1 \times 2 + 2 \times 0.5 \times 2 = 7$（$m^2$）。而如果我们选择立方体的包装结构，由于立方体具有六个相等的面，每个面的边长是 1m、面积是 $1m^2$，那么该包装就需要 $6m^2$ 的包装材料。因此，对于体积为 $1m^3$ 的塑料粒子来说，包装所需的材料量会因包装结构的不同而有所变化。

---

① in：英寸，1in=2.54 cm。

立方体包装结构适合的商品对象比较多，它已经成为包装结构设计的首选形式之一。在方形结构中，越接近于立方体的结构越节约原材料。

（三）圆柱体包装的简约设计

由于球体存在着不宜放置的缺点，所以我们在许多场合选用接近于球体的圆柱体包装结构，如油桶、漆桶、果酱罐头（图 4-2-7）等。组成圆柱体的要素是圆柱的半径和高，因而在选具体的形式时需要在两个要素之间做选择。如果有一种果酱需要用圆柱体的罐头瓶来包装，那么罐头瓶的尺寸是多少呢？

图 4-2-7 果酱罐头包装

设果酱的质量为 a，密度为 ρ，高为 h，半径为 r，圆柱体的表面积为 F，根据几何关系有：

$h = a/(\rho \times r \times r \times \pi)$

$F = 2 \times r \times r \times \pi + 2 \times r \times \pi \times h$

$F = 2 \times r \times r \times \pi + 2 \times a/(\rho \times r)$

如果 F 有最小值存在，则 $h = 2r$。

所以，当圆柱体的高是半径的两倍时，其表面积最小，也就意味着最为省料，从而可以看出它是最经济的结构。

对于油漆桶来说，有长方体的，也有圆柱体的。前面已经得出结论，圆柱体比长方体节约材料，应该尽量选用圆柱体结构，而圆柱体结构则应该选用高与直径相等的结构，可以最大限度地节约原材料。

三、包装结构的设计优化

（一）运用编织技术

自古以来，编织就与包装有着紧密的关系。在远古时代，人们就懂得利用植物叶、树枝、藤条等编织成类似现在使用的篮、篓、筐、麻袋等物来盛装、运送食物。细竹条的间隙通透、自然，食品放置于其中不易变质。这样的篮、篓、筐、麻袋都是由取自自然的、结实且韧性很强的材料简单编织而成的，没有多余的琐碎细节，表现出自然材料特有的质朴美感。

从某种意义上来说，这已经是萌芽状态的包装了。

这些包装应用了对称、均衡、统一、变化等形式美的规律，使包装不但具有容纳、保护产品的实用功能，而且制成了极具民族风格、多彩多姿的包装容器，还具有一定的审美价值。

编织手法多种多样，下面介绍几种较为常用的编织手法。

1. 平编

编织平面的主要方法是平编，其特点是经纬交织，互相穿插掩映，可以挑一压一，也可以挑二压二、挑一压二、挑二压一，从而形成不同的交叉编织纹样（图4-2-8）。

图 4-2-8　平编

2. 绞编

编织方法的主要特点之一是经纬编压，这就是绞编。绞编与平编的不同在于经编方面：平编中经纬相同，动作同步，往前编织；而绞编则是先编排好经桩，这些经桩可以是绳、条子、竹竿甚至是铁丝。然后，以编条（如柳、槐、篾）交叉上下穿行于经桩之间，循环绕行。完成编织后，表面完全被纬编所覆盖，经条不显露。由于绞编需要编纬的条子柔软并具备韧性，因此常用蒲草、细柳、桑条等进行编织（图4-2-9）。

图 4-2-9　绞编筐

3. 勒编

传统的柳条编织方法称为勒编。用这种方法做成的器物一般被称为"系货"。在勒编中，麻绳作为经线，柳条作为纬线，麻绳交错穿过柳条间，每穿一次就绕扣勒紧。通常，民间所见的簸箕、笆斗、箩筐、柳条包等都是用这种方法编结主体部分的。为了使勒编器物的边缘整齐且不易散落，常常需要另行编制板、把或框子。

4. 砌编

传统手工编织中常见的工种之一就是砌编。所谓"砌货"是指用砌编工艺制成的器物。这种方法特别适用于圆形器物的编织，具体的操作步骤是先将编织材料集结成把，然后使用结实的篾片将这些把束串联起来。民间常用的墩子、饭篓、纸篓等物品都是通过这种技术制作而成的。

5. 缠边

缠边主要用于装饰和固定条编器具的边沿和把手部分，同时也是条编工艺中不可或缺的辅助手段。缠边的制作通常选用柔软的条子材料（如藤皮、塑料带子、篾皮等），按照特定的方向将它们紧密地缠绕在坚硬的材料芯上。这种缠绕不仅固定了器具的结构，还在视觉上创造出独特的装饰效果。在缠边的应用上，可以选择使用单条或多条。单条缠边的排列整齐，展现出一种简约而大方的美感；而多条缠边则可以利用不同色彩的材料，编织出复杂而精美的花纹图案，使条编器具更加富有艺术性和个性化。

（二）使用包裹布

提及影视剧中经常出现的场景，我们一定会联想到包裹布的使用。古人习惯随身携带用包裹布包起的物品。然而，在当代，其他包装形式已经取代了包裹布的使用，因此它变得很少见。

而在日本，包裹布仍然是一种日常使用的包装形式，许多既美观又实用的包装方式可以通过一块四方布匹的折叠、打结来衍化出来。

在日本，包裹布被称为"风吕敷"。在绝大多数情况下，日本人在向亲朋好友表达感谢或问候时，倾向于赠送各式各样的礼物，这些礼物不论大小、轻重或形态如何，都会被精心包装，以展现出其独特的精致美感。

许多不同的包装效果由一块普通的四方布产生，这是因为日本人根据包裹物品的不同形态发明出不同的包装方法，这就是"风吕敷"，也是日本人最常用的包装用具。

（三）使用一纸成型的包装

一纸成型包装的结构设计主要有以下几种。

1. 弯曲变化

通过改变平面状态而进行弯曲的变化手法，弯曲幅度不能过大。从造型整体看，面的外形变化和弯曲变化是分不开的，同时面的变化又必定会引起边和角的变化（图4-2-10）。

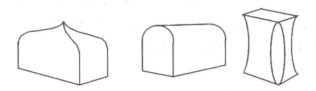

图4-2-10　一纸成型包装的曲面设计

2. 延长变化

面的延长与折叠相结合，可以使纸盒出现多种形态结构变化，也是常用的表现方式之一（图4-2-11）。

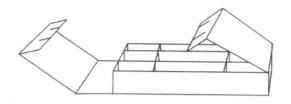

图 4-2-11　延长变化的结构设计

3. 切割变化

面、边、角都可以进行切割变化，经过切割形成开洞、局部切割和折叠等变化。切割部分可以有形状、大小、位置、数量的变化（图 4-2-12）。

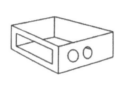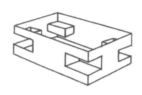

图 4-2-12　切割变化的结构设计

4. 方向变化

纸盒的面与边除了水平、垂直方向以外，还可以做多种倾斜及扭动变化（图 4-2-13）。

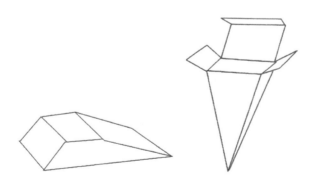

图 4-2-13　方向变化的结构设计

第三节 绿色低碳包装的印刷工艺

发展绿色低碳包装，实施包装印刷绿色化发展，必须大力推广先进的环保包装印刷工艺。环保包装印刷工艺对于提高包装印刷产品的环保特性，以及包装印刷生产过程中的环境性能都具有十分重要的意义。

一、柔性版印刷

柔性版印刷是一项具有广阔市场前景的生产工艺。这种印刷工艺既可用于印刷外包装的纸箱、纸盒产品，又可用于印刷内包装的产品；既可用于印刷吸收性较强的各种材料，又可用于印刷非吸收性的承印物；既可用于印刷表面粗糙的材料，又可用于印刷表面光泽度好的承印物。柔性版印刷兼容了凸版、平版和凹版印刷工艺的优点，具有操作方便、产品质量稳定、印版耐印力高、印刷压力较轻、产品印迹清晰、生产周期短的优点。

（一）柔印工艺流程

柔印设备的种类和型号较多，但其工艺流程基本一致，均采用卷筒承印材料，烘干和收卷方式也大致相同。其印刷工艺流程包括：给料—印刷—烘干—印后加工—收料。

1. 给料

给料包括解卷、除尘纠偏和张力控制等操作，其作用是将承印材料准确、稳定地送入印刷部。柔印输料方式多为卷筒式，印刷时能按照规定的速度、拉力使承印材料开卷并准确送入印刷部，同时在印刷机转速放慢或停机时，卷筒纸的张力能消除纸上的皱纹。同时，为了保证印面的清洁、产品质量和印刷效果，必须彻底清除承印物表面的灰尘及异物。纠偏装置和张力控制装置应作为独立的部件进行设置，以确保印刷过程中的稳定性和准确性。

2. 印刷

印刷是柔性版印刷的关键工序，直接影响印刷质量。影响柔性版印刷彩色复制的因素包括承印材料、印版、油墨适性、网纹辊传墨性能、印刷压力等。

印刷本身更是一个多参数的动态的过程，要求整合协调、有机配合，才能生产出高质量的印刷品。同时，和其他印刷工艺一样，柔性版印刷工艺在生产中不可避免地会出现一些印刷质量问题。其中最常见的印刷质量问题包括网点丢失、网点扩大、印版尺寸变形和印刷杠痕。

印刷工序的主要步骤包括印前准备、试印、印刷。印前准备包括掌握印刷工艺要求、印版检查。为确保印刷品质量，必须对承印材料、油墨、溶剂等关键要素进行严格的质量检查。同时，印刷机的清理与检查也是确保印刷过程顺利进行的重要环节。

在确认印出合格产品后，方可进行少量的印刷品试制，并进行最终的检查，确保无误后，方可开始正式印刷。这个流程保证了印刷品的质量，确保在所有参数和设置都达到最佳状态之前，不会进行正式印刷。同时，这也要求我们对承印材料的主要性能特点、版面设计、尺寸大小、位置关系、套印精度和印刷压力有深入的了解，并熟练掌握所用油墨、溶剂的主要性能（发现问题应做进一步调整），启动油墨泵，调整给墨量，对墨辊给墨，之后开机进行第二次试印，检查第二次试印样张（色密度、色差及其他缺陷）。只有这样，我们才能确保印刷品的质量和效果达到最佳状态。

在印刷过程中，应对墨量压力、着墨压力和印刷压力进行经常调整，以适应不同的印刷条件。同时，需要经常注意套准情况、色差及墨量大小、干燥情况以及纸带张力大小的变化等，这样可以确保印刷质量和工作效率的稳定。

3. 烘干

柔印速度快，印刷过程中油墨来不及干燥，必须进行烘干才能保证印刷质量。烘干一般包含后烘干和色间烘干两部分。后烘干装置位于印刷机组之后和印后加工之前的部位，确保承印物在进入印后加工之前其印刷表面的图文已经完全干燥；色间烘干装置被放置在各色组之间，在印刷过程中，前一色的墨迹在得到必要的干燥后才能进入下一机组进行印刷。在烘干过程中，既要避免干燥不足，也要防止干燥过度。因此，设置合理的烘干温度时，需要考虑印刷速度、承印物的表面性能、油墨的种类以及各色组印刷图文的状态等因素。

另外，烘干过程中溶剂的排放常用的是热气流法。在后干燥器上配置排气系统，可以防止溶剂挥发后气体聚集发生爆炸的危险。若设置有色间热空气干燥器，应保证排气量大于热空气的供应量，否则干燥器将会使热风吹向传墨辗和印版滚筒而导致油墨过早干燥，从而影响印版的着墨性能及图像印到卷筒纸上的效果。

4. 印后加工

印后加工有两种形式，分别是脱机印后加工和联机印后加工。脱机印后加工配备了各种专用的印后加工设备，虽然这些设备相对简单且成本低廉，但印刷品需要经历多次单工序加工与转换，因此累积误差较大，生产率也受限。联机印后加工与印刷机组组成印后加工生产线，不仅有利于保证印刷品质量，而且可以显著提高生产效率。此外，柔性版印刷机还配备了印后加工装置，形成了一条完整的印刷综合加工生产线，这是其他印刷设备所无法比拟的。根据印刷品的质量要求，大多数印刷品都需要进行印后加工，如上光、覆膜、烫金和模切成型等。

（1）上光

柔印机上光，又称印光，通过印刷机组完成。可以使用水性光油或加装紫外光固化（UV）干燥系统，使用 UV 光油。专用上光装置也可以配置用于正反两面上光，适用于不干胶水的涂布作业和联机复合成不干胶印刷产品等。为了获得较好的光泽或其他效果，上光涂层的厚度要比印刷墨层更厚实。影响柔印产品质量提升的一个主要因素就是光油的选择。印光可分为满版印光和局部印光。满版印光通过一个专用印光辊（橡胶辊、无接缝印版）来实现。而局部印光则需要制作相应的印版，按照印刷品的要求对局部进行上光。

（2）覆膜

联机覆膜方式有冷预涂卷膜和热预涂卷膜两种。冷预涂卷膜无须其他加热辅助设备，承印材料与复合层一并进入橡胶压力碾来完成覆膜工序。热预涂卷膜以前采用较多，需与承印材料黏合后加热，使卷料膜与承印材料直接进入热压机而完成复合，实现覆膜工序。总体来说，联机覆膜的方式是非常方便且省力的。

（3）烫金

柔性版印刷联机烫金需要加装专用烫金装置。可选择连续烫金或间隙式烫印。连续烫金结构相对简单，需组合恒温控制装置、加热装置和定制烫印辊。而间隙式烫印适用于商标、文字等，为了节约电化铝材料，需配备跳步式烫金装置。柔印烫金采用圆压圆结构，电化铝材料受热压面积仅为线接触，因此大面积烫金仍存在一定难度。

（4）模切成型

印刷机组一般配置三组模切工位，印刷完成后，通过联机压痕和模切得到所需的印刷成品。前两组可用于烫金、压痕、压凸等工艺，而后一组则负责成型或裁切单张的任务。

5. 收料

柔印的收料方式因加工对象不同而有所区别，主要包括以下几种方式。

（1）复卷

收料一般采用复卷方式，包括壁纸印刷、塑料薄膜印刷以及包装初料印刷等。为了保持料卷具有均匀的紧度，复卷前必须严格控制承印物的张力变化；同时，纠偏装置必须处于正确的工作状态，否则复卷端面将出现大的偏差。

（2）单张收料

首先通过分切装置将印刷品按一定规格分切成单张，然后输出折页收料。接下来，由折页机组进行折页，印刷后的书帖就能以一定规格输出，如报纸印刷、书刊印刷等。

（3）模切收料

合格的印刷成品输出需要依赖印刷后进行的印后加工，包括压痕、模切等步骤，这在纸板商标印刷中是较为常见的。

（二）柔印工艺绿色化对策

尽管与其他印刷方式相比，柔性版印刷在很大程度上减少了对环境的负面影响，但仍然无法做到对环境的完全无污染。柔性版印刷过程中要注意以下几点：

1. 显影液的应用

显影液的最佳处理方式是采用密闭形式的专用清洗设备，这样既可以回收显影液进行循环使用，又能在使用过程中避免三氯乙烯和有害气体的产生。三氯乙烯在与光、空气、水分共存时，会分解产生有害的氯化氢酸性气体，引起金属锈蚀。同时，三氯乙烯是有毒的，其挥发性很强，使用时应注意空气中的三氯乙烯蒸气不能超过中毒极限。显影溶液多以氯化烃系溶剂（三氯乙烯）作为主要溶剂，柔性版冲洗是在专用的冲版机内完成的。因此，显影液的应用是制版过程中影响环境的一个重要方面。

2. 去黏处理

2000 年 9 月，杜邦公司推出了赛丽快速系统，这是一种完全数字化的干燥制版系统。其实质是使用热加工版，整个加工过程都处于完全干燥状态。由于它不需要使用溶剂，因此避免了由溶剂带来的环境污染问题。此外，它还显著减少了制版时间，使得加工过程更加迅速。传统的化学法处理印版表面的黏性通常涉及将干燥的印版浸入配置好的去黏溶液中。这些去黏溶液涉及两种方法：氯化处理（使用漂白粉水溶液）和溴化处理（使用盐酸和溴化物水溶液）。这两种处理方法都对环境有害。还有一种处理方法是光照法，它目前被广泛采用。这种方法是通过在溴溶液槽中进行紫外线照射来实现的。相比化学法，其造成的环境污染要轻微得多。然而，经过短波辐射处理后的溶液仍然对环境有害，因此需要对废液进行妥善处理。

3. 柔印油墨

虽然水性油墨明显地降低了挥发性有机物（VOC）的排放，但是仍然需要将排放量控制到最低。同时，对油墨重金属含量的要求也被许多用户和厂家所提出，因此在水性油墨配方中应正确选用颜料，并尽量排除重金属离子含量高的颜料。从环保方面来看，UV 油墨确实是一种非常理想的油墨。但需要注意的是，在多数 UV 产品未干固前，它们对皮肤具有刺激性，在操作使用中应穿戴护肤手套和护眼罩进行防护。

二、无水胶印

在印刷车间中，添加剂的普遍采用，如润版酒精以及异丙醇（IPA），是印刷作业中一个重要的健康危害因素。长期以来，寻找替代品以减少对这些化学品的依赖，一直是人们关注的重要研究课题。

无水胶印成为解决这一问题的有效方案。首先，使用不含 VOC 的环保油墨，并取消醇类润版液，对于推动包装印刷的绿色化具有重要意义。同时，无水胶印解决了传统胶印中水墨平衡带来的诸多问题，使印刷技术得到了进一步的提升。另外，无水胶印还让工作流程得到了简化，如色彩管理、样张制作、按需制版印刷等，以满足现代印刷对环保性能的不断提高的要求。

（一）无水胶印的环保及印刷工艺特点

无水胶印是一种平版印刷技术，它使用大豆油油墨和不含芳烃的特殊油墨，以及严格的温控系统，来完成印刷过程。与传统湿胶印相比，这种印刷技术不需要润版液，而是采用一种特殊的斥墨硅酮橡胶层作为印版的表面。

在无水胶印中，印版是一种平凹版，印版的凸起部分（斥墨）由光化学反应构成硅橡胶层，而凹下的图文部分则由显影后暴露出来的感光物质构成。

虽然在实际生产中达到真正的水墨平衡相当困难，但传统湿胶印仍然是利用水墨相斥的原理，使油墨和水在印版上保持平衡来实现印刷的。

无水胶印简化了印刷操作流程，因为只需要在一个合适的温度范围内将油墨转移到印版上，而无须调节水墨平衡。这一变化将传统湿胶印使用的异丙醇或其他润版液的化学过程转变为简单的机械过程。

1. 环保特点

无水胶印为传统湿胶印过程提供了环保解决方案，取消了润版液和醇类物质。据有关统计，经过综合考虑环境因素，包括空气、水、土壤、能源、工作环境以及火灾等方面，相较于传统胶印，无水胶印技术成功降低了30%的环境污染程度。同时，无水胶印在节约能源、减少印刷材料浪费以及保护自然资源方面也表现出色。此外，无水胶印还显著缩短了作业准备时间，减少了30%至40%的时间成本。

（1）不使用挥发性有机化合物，大大减少了空气污染

无水胶印省去了润版液的使用，从而避免了使用其中的许多化学物质，如化学添加剂、乙醇和异丙醇等，这些物质都会对环境造成污染。由于省去了这些添加剂，无水胶印在环境友好性方面表现出色。此外，当与无挥发性水性油墨和免冲洗的无水印版配合使用时，无水胶印能够创造一个完全无挥发性有机化合物的工作环境，进一步提升其环保性。

（2）减少废液的排放，降低对水体和土壤的污染

无水胶印使用环保的水性油墨，清洗橡皮布不再需要有机溶剂，其所用的洗车水是由93%的水和7%的无害表面活性剂（如肥皂等）组成，为水性清洗剂。因此，无水胶印可以大幅度地减少化学药剂的使用，进而减少废液的排放。

（3）节省能源和资源

无水胶印印刷作业准备时间短，无水印刷一般为1—20min，甚至更少，能够灵活满足各种短版印刷需求，提高生产效率，并有助于减少能源消耗。

同时，无水胶印过程中避免了水墨平衡调节，套准迅速，开机废页率低，相

比传统胶印可以节省 30%—40% 的纸张，大大降低了生产成本，也节约了自然资源。此外，无水胶印在利用再生纸方面也具有重大意义。再生纸纤维短，不如非再生纸表面强度大而受到传统胶印的限制。无水胶印不用润版液，可保持纸的原有强度，从而提高套印精度，解决了传统胶印对再生纸的发展限制。

2. 印刷工艺特点

无水胶印在印刷工艺上具有许多新的特点，其最大的优点就是摒弃了润版系统，彻底解决了水墨平衡问题。它通过温度控制系统，在无须使用润版液的前提下，实现对油墨转移的有效控制，旨在达到高质量复制原稿的目标。

（1）网点扩大小

印刷品质量得到很大提高。同时，网点油墨也更加饱满，基本实现了图文的忠实再现。无水胶印一般网点扩大值只有 7%，与传统胶印相比可减少 50% 的扩大量。由于不使用水溶液润版液，承印材料（纸张）的伸缩量减小，网点扩大程度也随之降低。传统胶印采用平凸版，油墨高出版面较多，压印时油墨的扩展比较严重；无水胶印使用平凹版，油墨扩展较小，网点扩大程度较小。

（2）加网线数高，套印精度高

通常情况下，无水胶印可以实现 300—500lpi[①] 的加网线数。无水胶印的网点再现率高达 96%，远高于传统胶印的 90%。无水胶印网点再现性好，表现暗调和中间调层次更丰富，从 200—500lpi 高光部分 2% 的网点和暗调部分 98% 的网点都能很好地再现，尤其是暗调的细微层次能清晰地再现出来。此外，无水胶印使用硅橡胶层组成的凸起空白部分，可适用于较高的加网线数（300—500lpi），而其他印刷方式的加网线数目前不会超过 200lpi。

无水胶印不使用润版液，不会造成纸张伸缩变形，解决了纸张吸水膨胀拉力变化的难题。而且套印精度高，其在胶版纸和再生纸上都可以印刷出高质量的印刷品。无水胶印不仅可以在吸收性材料上进行印刷，而且在许多非吸收性材料如热塑型高分子材料、聚氯乙烯、金属等表面也可以进行印刷。

（3）色域空间大，色调稳定，色彩鲜艳

无水胶印消除了印刷过程中与水有关的一些问题，如油墨乳化和水墨难以平

---

① lpi：line per in 的简称，指每英寸等距离排列多少条网线。lpi 越高，印刷的密度越高，印刷出来的图片越清晰。

衡等，保证了印刷品的墨色鲜艳且稳定，无水胶印可以使用高加网线数印刷，从而可以向纸张上转移更多油墨，增大色域空间，而且色彩更丰富。此外，墨层可印得较厚，色密度更高，比传统印刷增加约 20% 的墨色饱和度。

（4）印版耐印力高

无水胶印印版的耐胶力显著，不仅能达到 40 万至 100 万次的印刷次数，还能保持较低的磨损程度。此外，纸张的表面强度也对印版耐印力产生重要影响，如铜版纸或胶版纸等高强度纸张能够更好地适应印版的印刷需求。因此，选择适合的高强度纸张和正确的印刷力度，能够显著提升印版的耐印力。

（5）作业准备时间短，操作简单，生产效率高

无水胶印操作简单，大大提高了生产效率，因为它减少了由于水墨平衡调节而导致的油墨和纸张浪费，降低了停机时间。传统湿胶印的水墨平衡调节是极其复杂的，需要很高的技术和实际经验，既不易控制又浪费时间、纸张和油墨。相比之下，无水胶印无复杂的水墨平衡问题，使印刷过程中的油墨调色、各色版套准等方面所用的时间大大减少，这对在机成像短版数字印刷来说尤为重要。

据报道，无水胶印与传统胶印以同样的速度、同样的时间印制，无水胶印的总印数要高出 54%。

（6）油墨黏度高，需要严格的温控系统控制油墨的转移

无水胶印的成功实施，关键在于印刷过程中冷却系统的有效性。这是因为印刷过程中产生的热量会导致印版和墨辊的温度显著上升，进而改变油墨的流变性质和黏度，使其无法完成正常的油墨转移。无水胶印需使用特定类型的油墨，这类油墨对温度的变化极为敏感，即使微小的温度变化也可能导致油墨黏度的显著变化。无水胶印的热量来源主要有两个方面：首先是印版滚筒、橡皮滚筒和压印滚筒之间的摩擦产生的热量；其次是无水胶印油墨的高黏度特性，使得墨辊与墨辊在传墨过程中因摩擦而产生热量。此外，无水胶印对油墨的要求十分严格，油墨中不得含有粗糙颗粒，以防划伤印版表面的保护膜，且需保持较高的黏度，以防止脏版现象的发生。在实际生产过程中，应根据温度条件选择不同黏度的油墨。例如，在夏季高温时，应选用高黏度的油墨；而在冬季低温时，则可选用黏度相对较低的油墨，以确保印刷质量和效率。同时，由于不同颜色的油墨对温度变化的反应各不相同，因此需对各个印刷色组的温度进行精确控制。

（二）无水胶印印版

为了改进胶印技术，达到不需要使用润版液的目的，20世纪60年代末，由美国3M公司首先提出了无水胶印原理，并成功研制出了无水胶印版材，于1972年进行了初步试验。然而，由于一系列技术难题的存在，如制版过程中印版易划伤、印版非图文部分不稳定，以及印刷机械摩擦产生的高温等问题，该公司最终放弃了个项目。后来，日本东丽公司购买了3M公司的相关专利，并以实现无水胶印的实用化为目标，继续进行研发工作。1977年，东丽公司在展会上展出了世界上第一块无水印刷版材。随后，他们不断改善无水胶印版材硅胶层的疏墨性，调整油墨的黏度，并在印刷机上安装了冷却系统，显著提高了无水胶印的质量。

在当前的市场上，东丽公司和美国斯特克（Presstek）公司被公认为生产无水印版的优秀制造商。特别是东丽公司，其主导产品——传统光敏模拟版（感光无水印版），在行业内被广泛应用。这款产品的生产流程包括使用胶片曝光和晒版处理，当空白部分的硅橡胶层受到光照后，会发生光聚交联反应。接着，通过化学显影剂（聚乙二醇）的处理，可以精确地去除印版图文部分的硅橡胶层，从而显露出微微下凹的感光树脂层。这样的设计使得东丽公司的无水印版在市场上具有极高的竞争力。

东丽同时也推出了一种名为翡翠（Emerald）的数字印版，用于计算机直接制版（CTP）系统；Presstek公司是数字无水胶印的代表，其主导产品为Pearl Dry数字无水印版。柯达保丽光（Kodak Polychrome Graphics，KPG）公司也推出了热敏CTP无水胶印印版，耐印力达20万次。除此以外，Pearl Dry采用激光烧蚀技术除去印版图文部分的硅橡胶层，适用于在机成像制版（不需曝光、晒版处理）。其主导产品为数字无水印版Pearl Dry，可用于直接成像（DI）印刷机上。

另外，爱克发公司、富士公司等也推出了无水胶印版。根据制版方法的差异，无水胶印版可分为两大类：传统光敏性无水印版（由日本东丽公司引领）和数字无水印版（以Presstek公司为代表）。这两类印版在制版方法上有所不同，但都能满足无水胶印的需求。

1. 传统光敏性无水印版

目前使用最广泛的传统光敏性无水印版（Toray印版）是一种多层结构的碾压版，共分为五层。

（1）基层（铝版基）

铝板的生产成本比其他有色金属便宜，并且铝板具有优良的机械性能，目前生产的无水胶印版几乎都采用铝板作为基层。基层可以是金属与纸或塑料薄膜的复合板，也可以是金属板，如铜、锌、铝合金、铝等。为了满足印刷的需要，基层应具有较好的尺寸稳定性和表面平整性。基层是印版的重要组成部分，又是承受涂层的基体。Toray 传统无水版的基层为非阳极氧化处理的铝板。

（2）底涂层（胶合层）

无水印版底涂层的主要作用在于增强感光层与支持体之间的黏合性，进而提升感光层与油墨的亲和性，从而有效增强印版的耐印能力。此外，该涂层还能有效减小制版过程中可能出现的网点扩大现象，这是通过吸收铝版基反射回来的光线来实现的。在成分构成上，该涂层主要包含各类树脂，如聚氨酯、苯乙烯 - 丁二烯橡胶、聚乙烯、聚丙烯、聚氯乙烯等。同时，还可能包含其他添加剂，如染料、pH 值指示剂、光聚合引发剂、提高黏附力的辅助试剂以及颜料等。涂布量的范围通常在 1—10g/m²。

（3）感光层

感光层通过曝光形成印版的图文部分，与硅橡胶层紧密连接，形成一个整体，这是由于感光层与硅橡胶层之间发生了交联反应。感光层的成分包括不饱和单体，如甲基丙烯酸酯和甲基丙烯酰胺，这些单体的沸点高于 100℃且能够光聚合；光聚合引发剂，如三嗪类化合物、α - 羰基化合物；具有成膜性的高分子化合物，如甲基丙烯酸共聚物、聚氨酯、聚苯乙烯、环氧树脂、聚乙烯醇、明胶等；以及阻聚剂，如氢醌和对甲氧基苯酚。此外，为了提高涂布性能，还可以加入表面活性剂；为了增强感光层与硅橡胶层的黏附性，可以加入硅粉或疏水硅粉；同时还可以加入染料和 pH 指示剂。将这些组分分别溶解在适当的溶剂中，如酯类、醇类、醛类、酮类，配制成一定浓度的溶液，然后涂布在底层上，形成感光层。涂布量一般控制在 0.5—10g/m²。

（4）硅橡胶层

构成印版非图文区的是硅橡胶层。在曝光过程中，硅橡胶层经过紫外光照射会发生交联反应。阳图型感光部分会硬化，这样硅橡胶层与感光树脂层的高分子就能牢固地结合在一起，而未感光部分的硅橡胶层则会与感光树脂层剥离。相反，阴图型的感光部分硅橡胶层与感光树脂层会剥离，而未感光部分则保留。无论是阳图型还是阴图型的无水胶印版，经过感光后，非图文部分的硅橡胶层都会稍微高出图文部分一些，这也是无水胶印版属于平凹版的原因。用于制备无水胶印版硅橡胶层的硅橡胶主要有两类。一类是缩合型硅橡胶，它的主要成分是线型聚硅氧烷，通过端基发生缩合反应生成硅橡胶。另一类是添加型硅橡胶，它是由带有 -Si-H 基的聚硅氧烷与带有 -CH=CH- 基的聚硅氧烷在铂的催化下反应生成的。为了调节硅橡胶层的硬度，可以适量加入阻聚剂。

该硅橡胶层具有排斥油墨的功能，使得印刷过程中油墨无法附着，因此具有疏油性。控制这一层的涂布量对于无水印版技术至关重要。若涂层过薄，印刷时印版排斥油墨的性能会减弱，导致版面容易变脏，甚至版面易于受损。反之，若涂层过厚，印版的显影性能会变差，因为未见光部分在显影时不易完全溶解。合适的涂布量通常为 $1—3g/m^2$，大约相当于 $2\,\mu m$ 的厚度。

（5）保护层

在无水印的硅橡胶层曝光之前，其内部并未发生交联反应，因而具有一定的胶黏性，容易附着外界污物。为确保版面的完整性并防止其受到刮伤，同时保证底片与印版之间达到完美的密接状态，避免氧气分子通过硅橡胶层对光聚合反应产生不利影响，通常会在硅橡胶层上方覆盖一层保护胶。这层保护层与下方的硅橡胶层之间通过真空无缝紧密结合，展现出了良好的透光性能。在曝光过程结束后，保护层可以轻易地被剥离，或者在显影过程中溶解于显影液中而被移除。适用于作为保护层的物质包括聚乙烯、聚乙烯醇、聚氯乙烯等多种高分子材料。保护层的厚度一般控制在约 $10\,\mu m$ 的范围内，最佳应用状态是将其涂布成粗糙的毛面层，这样在抽真空曝光时，胶片能够与水印版版面紧密结合，从而确保曝光后图像的还原质量达到最佳状态。

尽管传统无水印版的制版工序与有水胶印工序在晒版后显影、定影工序上有所不同，但它们的整体流程是相同的。有水胶印是通过显影定影去除 PS 版上非图文部分，留下图文部分，从而形成平凸版；相反，无水胶印则是通过药液作用去除图文对应区域的表面斥墨层，最终形成平凹版。

2. 数字无水印版

数字无水印版目前由 Presstak 公司主导，其直接成像系统以及 Pearl Dry 印版被广泛用于各大印刷机商的数字无水印刷系统之中，如海德堡公司的速霸 GTO—DI 和全新的 Karat74 等。

制版工艺得到大幅简化，因为激光烧蚀制版是通过计算机控制的激光束将计算机处理的图文直接转移到无水胶印版上，用水洗净制版过程中产生的尘埃后即成印版。这是区别于传统无水胶印和湿胶印的新技术，其自身构成了一个独立的制版印刷体系和材料体系。激光烧蚀制版无水胶印技术是一种用于计算机直接制版和计算直接成像印刷的无水胶印技术。Pearl Dry 数字无水印版的制版不需要胶片和显影，采用的是这种激光烧蚀成像技术。而传统的无水印版和有水印版在制版工艺流程上属同一体系。

新一代的无水胶印技术凭借其融合数字制版优势与无水胶印特色的双重优势，展现出了极高的应用潜力和广阔的发展前景。作为一种新型制版印刷方法，它有望在印刷行业占据重要地位。至于激光烧蚀制版，它具备以下三大特点。

①这是一种新型的无水胶印技术，即激光烧蚀制版。它保留了无水胶印的优点，同时制版工艺简单，可以用于计算机直接制版和计算机直接印刷。

②在短版小幅面印刷方面，激光烧蚀制版具有明显的质量和技术优势，但目前版材和油墨的高昂价格是其发展的主要障碍。

③这种制版方式在计算机直接印刷方面的优势更为明显。

三、数字化印刷

数字化印刷，也称计算机直接印刷、数码印刷。数字化印刷技术脱胎于传统模拟印刷技术，融合了当今信息时代的数字化技术。数字化印刷是一种直接从计算机数字文件生成印刷品的技术，它通过单张起印的方式，有效降低了纸张的损耗。这种印刷方式不仅淘汰了含银盐的胶片工艺和印版，还避免了使用有毒化学物质，如显影液等，从而减少了废弃印版等废物的排放。数字化印刷在作业环境改善、能源保护、资源再循环利用等方面都展现了高度的智能化和环保意识。此外，数字化印刷还采用了新的成像技术，如静电成像、喷墨成像、磁记录成像、电凝聚成像等，通过色粉或喷墨直接成像，避免了传统印刷过程中有机溶剂挥发带来的环境问题，进一步强调了其环保优势。

数字化印刷取消了传统印前分色、拼版、制版、试样等步骤，将印刷技术带入了一个全新、高效的生产方式，具有传统印刷诸多无法比拟的优势，如可变数据印刷、小批量个性化印刷等。同时，借助于计算机网络技术，实现了分布式、实时印刷功能，使传统印刷由"生产后再销售"向"销售后再生产"的生产模式转变，实现了真正意义的"按需印刷"，极大地降低了纸张浪费及仓储、运输费用。目前，数字化印刷技术正逐步深入短版标签印刷市场，为包装印刷行业注入绿色发展的新动力。

随着数字技术的迅猛发展，数字化在印刷中不断被应用，从印前领域逐步渗透到印刷印后加工整个工艺流程。同时客户对印刷品的市场需求也趋向个性化、小批量、快速等特点，传统印刷工艺逐步实现了从模拟流程向数字化流程、物理空间仓储向高密光电介质存储、物理交通运输向网络传输的换代升级，数字化印刷应运而生。

（一）数字化印刷的种类以及成像方式

1. 数字化印刷的种类

目前，数字化印刷技术主要分为两类。

（1）无版印刷

无版印刷也称无压印刷、纯数字印刷。该方式彻底淘汰了印版和印刷压力装置，采用与传统印刷完全不同的数字技术，实现可变数据印刷。该方式将表征图文信息的数字文件直接送至数字印刷机，用光源列阵作为曝光成像部件，照射涂有有机光导体的印刷滚筒表面，产生带电图像的潜像。潜像进行显影，曝光的图文部分吸引带电色剂，从而在滚筒上产生由色剂组成的可见影像，最后转印至承印物上成为最终印刷品。

无版印刷最大的优势在于生产没有噪声，可实现可变数据印刷（利用数据库技术在每一个印张上印上不同的信息内容），特别适合小批量印刷，无须制版和太多的印前准备时间，节约了时间和材料、人工成本。

（2）直接成像胶印

成像于数字版材上，再实施传统胶印，属于有版印刷类型。制版成像系统本身就是印刷机的组成部分，并且印版在成像之前就已经安装到印刷机上。制版系统通过将页面描述（PostScript）文件转换成点阵信息，并在热敏印版上进行激光曝光成像。

直接成像胶印的优势在于将直接制版技术与传统胶印技术有机结合，发挥了传统胶印技术成熟、质量较好的特点，适合批量较大、时效性较强的速印市场，目前的适用机型较多，制造技术更为成熟。

2. 数字化印刷的成像方式

数字化印刷采用了与传统印刷不同的成像方式，发展至今主要包括四种。

（1）静电成像

静电成像印刷的过程始于在光导体上使用激光扫描方法形成静电潜像。随后，通过利用与静电潜像符号相反的带电色粉与潜像之间的库仑力，实现潜像的可视化（即显影）。最后，将色粉转移到承印物上，从而完成整个印刷过程。值得注意的是，由于静电照相过程中采用的是色粉，因此整个印刷过程中不会产生挥发性有机物。

（2）喷墨成像

喷墨印刷是数字化印刷的主流技术，目前占据了大部分市场份额。根据喷墨的方式，分为连续式喷墨和按需喷墨。通过油墨与承印物的相互作用实现油墨影像的再现。这是将油墨以一定的速度从细微的喷嘴喷射到承印物上的过程。

（3）磁记录成像

在印刷过程中，首先通过外部磁场的作用，磁性材料形成潜影，然后利用潜影的磁场力与磁性色粉相互作用，实现潜影的可视化，最后将磁性色粉转移到承印物上，完成整个印刷过程。

（4）电凝聚成像

印刷过程完成，通过压力的作用将固着在滚筒表面的油墨转移到承印物上。非图文部分没有发生反应的油墨则仍然是液态，可以被刮去。图文部分的油墨发生凝聚，固化在成像滚筒表面形成影像。这是通过电化学反应实现的。

数字化印刷设备的发展速度很快，市场应用呈现两个方向：一是非生产型的数字化印刷机，如数字化复印机及多功能一体机等，价格较低，以黑白印刷为主，主要面向数字化快印店；二是高档设备，以个性化、可变数据彩色印刷为主，注重产品质量，投资成本较高，但能满足多种市场需求。

（二）数字化印刷的优势与不足

1. 数字化印刷的优势

（1）生产效率高

数字化印刷成为速印行业首选技术的主要原因就是其作业准备时间短，能高质量、实时、快速完成客户的短版、临时、紧急的任务。相对于彩色打印、影印等技术，数字化印刷图文质量高，能实现多色印刷和专色印刷，色彩匹配更加准确，色彩叠印效果好，可一次性实现大幅面、全景作品的生产，同时成本较低。

（2）按需性、个性化和可变性

数字化印刷不需要印版，可以在任意位置印出具有个性化、可变信息内容的印刷品，这是数字化印刷最主要的特征，也是增加印刷品附加值、拓宽企业生存空间的基础。数字化印刷带来的"按需印刷"模式，极大地降低了企业的生产成本；其具备的个性化和可变性特征，使小批量多品种的印刷业务也能经济完成。

此外，数字化印刷使用劳动力少、印刷设备占地面积小、节约耗材的用量，经济性好。

这些都是传统印刷工艺所不具备的优势。数字化印刷还广泛适用于数字快印，具有印制周期短、损耗少的特点，即使单张印品从经济上讲也很划算。总之，数字化印刷主要适合以个性化印刷、可变信息印刷、即时印刷为特点的"按需印刷"，按照用户的时间、地点、数量、成本与某些特定要求等向用户提供相关服务。

2. 数字化印刷的不足

（1）输出速度慢

这是目前数字化印刷的固有缺陷。对于长版业务，数字化印刷的劣势显而易见。

（2）生产成本高

虽然无须采用胶片或印版作为转换媒介，需要的图文存储空间小，但对于长版活、单印张复制成本高，同时承印物还必须是特殊涂料的承印材料，价格比较昂贵；数字油墨和墨粉加工复杂，成本高；需要较高素质的操作人员，人力成本高。另外，目前数字化印后加工设备的不足也在一定程度上增加了生产成本。

（3）印品质量差

相对于传统印刷，数字化印刷采用透明油墨，覆盖力差，同时油墨的色彩匹配还不稳定，导致墨层较薄，色彩、阶调不饱满，表现力不够。

（4）关键技术尚待成熟

印刷机数字化是以数字的形式接收版面信息进行印刷，即将数据从网络或数据库传输到印刷机中。在数据传输的整个过程中，一系列问题如数字化整个版面的印刷品、数字化模拟底片、电子配页和装订、计算时间的高速化、与数据量相适应的数据处理、版面数据的保存、数据库的运用等都需要进一步完善。同时，数字打样技术缺乏保障，数字化印刷工艺流程尚不成熟，仍需投入资金购买相应的印前系统，而色彩管理、打样与投资回收等也无法保证。

近年来，数字化印刷已在商业快印、机关文印等领域实现了业务的迅猛增长，同时，其在金融、电信、保险、出版印刷、包装印刷等多个领域的应用也呈现出不断增长的趋势。为应对瞬息万变的市场需求和消费者偏好，包装印刷领域正经历着显著变革。众多生产商，如日用消费品、食品、药品等，正加速推出新产品，并缩短产品包装的更换周期。这要求他们不断改变原有的设计图案和产品信息，以迅速推出多样化的包装印刷品，甚至包括小批量试用包装。例如，产品供应商期望标签印刷者能迅速提供高质量、内容各异的新标签。同时，大型企业在促销活动中派发的试用品和礼品数量有限，对印刷质量和速度的要求却极高。传统的彩色打印技术在质量和速度上难以满足这些需求，而传统印刷工艺则受限于制版周期长和生产成本高的问题。数字化印刷因其数据可变、速印及短版印刷的能力，成为解决上述问题的理想选择。无论是试探市场的新产品推出，还是老产品的新包装设计，数字化印刷都能以低成本、高质量的方式满足生产者的需求。其特点包括一张起印、内容可变以及出色的印刷质量，为产品生产者提供了前所未有的便利和优势。

在包装印刷领域中，数字化印刷主要应用于标签印刷。然而，许多票据依然结合传统胶印与数码印刷的方式进行印制。目前，美国约有 90% 的交易账单类票据和 85% 的直邮印刷品都采用混合印刷方式，即先使用传统印刷方法进行彩色图文预印，然后在其预印的票据上再使用数码印刷机加印可变信息。随着新型彩色高速数字化印刷机的推出，已有部分票据印刷商不再采用"预印＋可变数据印刷"的方式，而是完全通过数字印刷机一次印刷商业票据。数字化印刷在直邮和票据印刷业中的应用越来越广泛，并逐渐成为推动直邮和票据印刷企业走向成功的关键因素。

此外，数字化印刷在纸箱纸盒包装、售点广告（POP）等领域的应用也很普遍。专家预测，数字化印刷在软包装印刷领域的应用将会继续蓬勃发展。特别是在小折纸盒与纸桶、用户定制的特殊包装盒（袋）和产品的推广试验包装等方面，数字化印刷将会有非常广阔的市场发展空间，其应用速度也会非常快。

（三）数字化印刷流程核心技术

数字化印刷流程的核心包括图文信息、控制信息和管理信息在印刷生产中的数字化传递，作用可以概括为提高效率、提高质量和加强管理三个方面。

1. 图文信息的数字化传递

PostScript 自 1985 年诞生以来一直担任着图文页面的描述与解释工作，1990 年的 PostScript Level II 使得 PostScript 语言成为当时的印刷工业标准。由于 PostScript 存在版本过多、文件不可预视、只能通过路由信息协议（RIP）解释输出才能看到相应的结果，不具有页面独立性、文件过大不利于网络传输等不足，更优化的 PDF 格式由奥多比系统公司（Adobe）于 1993 年推出，并日益普及。PDF 可以视为 PostScript 的优化，虽然沿用 PostScript 的成像模型，但可以保证输出质量，避免上述问题。目前，PDF 格式成为数字化流程中最理想的图文信息载体，几乎各大厂商的所有数字化印刷流程都选择了以 PDF 为核心创建。比如，克里奥的印能捷（Prinergy）工作流程系统、爱克发的爱普及（Apogee）工作流程及国内的方正畅流。PDF 自身也在不断优化中，专门适用于印刷行业的 PDF/X 规范（如 PDF/X-1、PDF/X-2、PDF/X-la 等）陆续推出。PDF 中针对设备的操作指令，如加网信息、折手信息等被去除，使 PDF 文件更加简洁、高效。

2. 控制信息的数字化传递

传统印刷行业采用纸质传票的方式通知和记录生产加工的要求，随着现代产品多样性和生产工序的细化，这种方式渐显吃力，必须改进。为此，Adobe 专门开发了一种新的数据格式——便携式工作传票格式（PJTF），专门用于存储一些具体的控制信息，如页面处理方法（折手信息、陷印规则等）、输出参数（加网线数、角度、输出精度等）、承印材料（名称、尺寸、重量、颜色等）、印后信息（折页、裁切、装订等）、交货信息（地址、数量等）、工作安排（日程表、最后期限等）和管理信息（客户名称、订货号码、负责人等）。随着信息技术的发展，很多设备都可以通过预先设定参数的方法实现自动化生产。CIP3（International

Cooperation for Integration of Prepress，Press and Postpress），即印前、印刷、印后集成的国际合作组织应运而生，控制信息的内涵不断扩大，如印刷的套准预设、印后的裁切预设、装订预设信息等。CIP3 提出了印刷控制信息标准交换格式 PPF(Print Production Format，印刷生产格式）。1995 年，PPF 第一版规范公布，此后不断完善，直接促成了后来 CIP4 组织的成立和 JDF（Job Definition Format）格式的普及。

3. 管理信息的数字化传递

目前，CIP4 和 JDF 作为数字化流程的核心技术，发挥着巨大作用，前景广阔。CIP4 在 CIP3 的印前、印刷和印后三个阶段的基础上，增加了一个过程控制，即在图文信息传递和生产控制信息传递之后，加入了生产管理信息的传递，使其内涵更加丰富。1993 年，由 Adobe、海德堡、爱克发和曼罗兰公司组成的 CIP4 组织成立，他们制定出了另一种生产信息传递标准——JDF。然而，尽管 PPF 包含了测控条的密度、颜色、色差等印刷质量控制数据，但印刷机并未提供任何反馈，这使得在宏观管理和质量控制方面仍存在不足。尽管如此，由于 CIP3 和 PPF 在生产控制信息的数字化传递方面取得了进展，印刷机正式开印的准备时间得到了大幅缩短。

（四）数字化印刷油墨

许多数字化印刷机生产厂家，如性能、爱普生等，目前都已经研发出了多种适应其印刷机特性的数字化印刷油墨。目前，液态数字化印刷油墨、固态数字化印刷油墨、干粉数字化印刷油墨和电子油墨是主要的类型。

1. 液态数字化印刷油墨

喷墨印刷常使用液态数字化印刷油墨。喷墨打印机的墨头结构与油墨的种类有关。墨头可以分为热压式和压电式两类，其中压电式又分为高精度和低精度。例如，爱普生喷墨头的精度较高，而赛尔喷墨头的精度较低。大多数情况下，前者使用水性油墨，而后者主要采用溶剂型油墨。

2. 固态数字化印刷油墨

固态数字印刷油墨专用于喷墨印刷技术，其特点是在常温下保持固态，但在使用过程中需通过加热处理以降低其黏度，从而顺利将其喷射至承印物表面以实现印刷效果。

3. 干粉数字化印刷油墨

在到达纸张之前，干粉数字化印刷油墨始终保持粉粒状。这是它与固态数字化印刷油墨的最大区别。干粉油墨由颜料粒子、颗粒荷电剂和可熔性树脂混合而成，呈现为干粉状。当带有负电荷的墨粉曝光后，部分墨粉会吸附在成像滚筒上形成图像，随后转印到纸张上。在印刷过程中，通过对纸张上的墨粉进行加热和定影，使墨粉中的树脂熔化，最终在承印物上形成图像。

4. 电子油墨

电子油墨显示设备是一种由日本凸版印刷株式会社（Toppan）和飞利浦公司（Philips）联合开发的阵列式显示媒体，于 2002 年 1 月问世。这种设备是世界上最薄、可刷新、可携带的显示设备之一，其重量和厚度不及传统液晶显示屏（LCD）的一半。电子油墨是该设备的核心技术，它是一种特殊油墨，可印刷涂布在处理过的片基材料上，由微胶囊包裹而成。每个微胶囊内含有带正电的白色粒子和带负电的黑色粒子，这些粒子分布在微胶囊内的透明液体中。通过电场定位控制，这些粒子可以在需要显示颜色的位置聚集，从而显示出白色或黑色。这种显示设备具有良好的柔性，能以高分辨率显示彩色信息，非常适合移动显示和携带。控制电场由带有高分辨率显示阵列的底板产生，使得显示设备的显示效果更加精确和清晰。

第四节　包装废弃物的回收处理

一、包装废弃物回收的定义

包装废弃物的回收是指对已使用过的包装材料进行收集和再利用的过程。这些包装材料包括各种使用后的包装、包装容器和包装材料，它们经过有序的收集后，被送往特定的地点进行加工和处理，以实现资源的再利用和循环利用。

回收包装废弃物在减少污染、节约能源等方面具有许多积极的意义。其节约能源的量取决于其生产所消耗的能量以及所要回收的材料类别。包装废弃物回收还能省宝贵的资源，许多回收再利用的包装材料与用原材料生产的包装价值相差不大，甚至加入少量原材料就能提高其性能，如强度和韧性等。此外，包装废弃物回收还可以减少资源浪费，有助于实现可持续发展的目标。

二、包装材料成功回收的衡量标准

包装材料成功回收的衡量标准可以从多个方面来考量，其中包括经济效益、实用性和市场需求、收集便利性和处理成本以及稳定持续的废料来源。

（一）经济效益

包装材料的回收活动是否具有经济可行性是衡量其成功与否的重要标准。经济效益受到废料和再加工产品的价格以及收集和处理成本的影响。如果废料加工后的产品销售价格下跌，导致回收活动从盈利转变为亏损状态，那么这个回收体系可能不具备可持续性。

（二）实用性和市场需求

回收的产品需要具备实用性和符合市场需求，才能确保其销售和再利用。如果回收的产品没有市场需求，即使成本低廉也无法实现回收。

（三）收集便利性和处理成本

回收体系需要具备便利的收集方式和合理的处理成本。如果回收的包装材料难以收集或处理成本过高，就会影响回收的有效性。

（四）稳定持续的废料来源

确保回收体系有稳定而持续的废料来源是成功回收的基础。如果废料来源不稳定或中断，将影响回收体系的运作和效果。

此外，为确保回收体系的有效运作，管理部门需要制定全面的回收管理法规，以确保政府主导和市场驱动的回收机制都能够有效运作。

三、各类包装废弃物的回收处理方法

（一）纸包装回收处理

1. 纸包装回收利用现状

随着纸制品用量的日益增长，文明进步和发展的脚步也在持续迈进。然而，造纸所需的森林资源却逐渐减少，这一情况已经引起了全球对废弃纸制品回收处理、再利用的高度重视。为了增强处理回收能力，各国正在采用先进的措施和科技手段，进一步推动纸制品回收量的提升。

目前，中国废纸回收利用的发展存在不均衡状况，沿海地区的进展较快。尽管全国废纸浆的用量占造纸用浆总量的44%，但如果剔除进口废纸，国内废纸回收率依然不到30%。近年来，废纸利用率的提升主要依赖于进口废纸，这应引起相关方面的注意，需要加大力度，提高国内废纸回收率。

废纸回收做得比较成熟的国家，大多有一整套对各方面的利益考虑周到、操作性强、细节量化严格的回收法律体系。而我国对废纸回收的法律规范和政策支持还不够具体，不够到位。因此，有关部门对造纸企业强制要求使用一定数量的废纸作为生产原料；政府须给予回收企业一定的补贴，保证它们正常运行，能获得合理的经济效益；对于消费者，行政执法部门会随时抽查，对于不按要求把废纸分类送交到指定的回收处的进行罚款。

环保和资源循环利用的过程是逐步演进的：法律制定规矩，规矩培养习惯，习惯形成自然，自然转化为观念。只有当每个回收利用的具体环节都得到合理的规范，循环经济，包括废纸利用在内，才能真正得到发展和壮大。

2. 纸包装材料回收技术列举

（1）利用废纸改善土壤

詹姆斯（James）是亚拉巴马州的土壤专家，为了解决该州部分牧场存在的土壤板结、植被不生的问题，提出了一种利用废纸改善土壤的方法。他混合了碎废纸屑、鸡粪和原土壤，其中碎纸屑占40%，鸡粪占10%，原土壤占50%。在鸡粪中的细菌作用下，废纸迅速腐烂变质，使土壤在三个月内变得松软，适宜生长牧草，牧草生长旺盛，同时也可种植大豆、棉花和蔬菜等多种作物，产量颇高。而且，这种方法对牧场土地不会产生任何副作用。如果两年后再次补充新的碎废纸屑和鸡粪，土壤将变得更加肥沃、更加疏松。这种方法在美国亚拉巴马州的部分牧场得到了应用。

这项技术具有广阔的应用前景，不仅解决了土壤板结问题，还实现了资源的循环利用。由于加入了玄武岩纤维或矿渣纤维，产品挺度提高，既便于使用，又节约了部分植物纤维。此外，产品可以自然降解，成为土壤的有机质，不会对环境造成二次污染。其优势在于，所使用的废纸纤维无须经过脱墨等处理，避免了大量废液的产生，从而有利于节约水资源和保护生态环境。

（2）采用生物技术以旧报纸为原料生产乳酸

这是一种低成本的生产方法，乳酸在食品和药物生产中都有应用，并且作为可生物降解塑料的原料也具有很大的吸引力。该生产方法首先使用磷酸处理旧报纸，然后在纤维素酶的作用下制成葡萄糖。这种方法相比通用方法，纤维素酶的用量更少，时间更短，从而得到的低成本葡萄糖可以通过普通的发酵方法制成 L- 乳酸。

（3）利用废纸或纸板生产优质隔热隔音材料

利用废纸或纸板生产密度小、隔热隔音性能好且价格低廉的材料，是一种节约资源、变废为宝的有效途径。该材料的生产方法大致可分为两大类：使用黏合剂和不使用黏合剂。不使用黏合剂的生产方法：首先用湿解法将废纸或纸板疏解成纸浆，然后在纸浆中加入无机多泡材料如珍珠岩，在不使用黏合剂的情况下将其注入各种形状的模具内，经过脱水、干燥后，就能得到所需形状的隔热、隔音材料。而使用黏合剂的生产方法，其过程与不使用黏合剂的方法类似，首先将废纸或纸板干法分散成纤维状，然后在掺入黏合剂后，经过冷压或热压挤实成型。无论采用哪种方法，最终都能生产出隔热隔音性能优秀的材料。

（4）用废纸做除油材料

废纸在水中经过碎解、干燥等处理后，加入硫酸铝，分离成纤维，可以用作除油材料。这种材料不仅制造工艺简单、原料来源广泛，而且价格便宜、安全，能够有效地移走固体或水表面的油，无须使用特殊的介质如合成树脂来浸渍，使用后可燃烧废弃。

（5）废纸发电

英国废物处理局近年来推出了一种高效、廉价的废纸处理方法——废纸发电。该方法首先将大量废纸利用烘干压缩机压制成固体燃料，然后在中压锅炉内燃烧这些燃料，产生 2.5MPa 以上的蒸汽，进而推动汽轮发电机进行发电，同时产生的乏气还用于供热。与传统的烧煤相比，燃烧固体废纸燃料释放的二氧化碳减少了 20%，这对环境保护是有益的。因此，废纸发电不仅实现了废物的有效处理，还对环境产生了积极的影响。

（6）利用旧报纸制造建筑和装饰材料

日本《读者新闻》与两家公司合作，利用旧报纸制造新型建筑和装饰材料，这些材料具有木材的清香，强度可与某些合金相媲美，同时防潮能力强，适合于做建筑外部平台的铺装材料。其制作过程包括将旧报纸与废木材一同粉碎成粉末，再加入由农用膜等原料制造的特殊树脂并加工成型，最后将成型后的材料表面磨光并印刷上各种木纹，外形就和真木材一模一样了。

（7）使用纸板制作家具

近年来，国外逐渐流行起一种使用纸板制作家具的风潮，这种纸质家具具有显著的优势。其质量轻，组装和拆卸过程简便快捷，省时省力，同时造价相对较低，易于回收再利用，为家具的更新换代提供了极大的便利。制作纸质家具的工艺并不复杂，仅需将各类废纸收集起来，经过压缩处理形成特定形状的硬纸板，之后如同拼接积木一般，将这些硬纸板组合成各种家具。为了增强纸质家具的耐用性和防潮性能，通常会在其表面涂抹一层保护漆。这种家具的设计理念与我国当前的住房状况高度契合，不仅可以有效节约宝贵的木材资源，还有助于保护生态环境。值得一提的是，印度中央建筑研究院的科技人员还研发出一种新型建筑材料——沥青瓦楞板。这种材料以废纸、棉纱头、椰子纤维和沥青等为原料，经过特定的模压工艺制成。使用沥青瓦楞板建造的房屋具有出色的隔热性能，不透水，轻便且成本低廉。此外，它还具有不易燃烧和耐腐蚀的特性，为建筑领域材料的更新带来了新的可能性。

（8）用废纸制作酚醛树脂

日本王子造纸公司成功研发了一种新技术，该技术能够将废纸溶于苯酚中，用于生产酚醛树脂。由于苯酚与低分子量的纤维素和半纤维素相结合，所制成的酚醛树脂具有更高的强度，比使用苯酚和乙醛为原料所制成的产品更坚韧。此外，这种酚醛树脂的热变形温度也提高了10℃，超过了以往的产品。在生产过程中，该技术可以使用旧报纸或办公用废纸作为原料，而且使用办公用废纸作为原料的成本更低，仅为使用旧报纸的一半。这一新技术的成功研发，为酚醛树脂的生产提供了新的可能性和选择。

（二）塑料包装回收处理

1. 塑料包装回收处理工艺

（1）分类回收再生法

废塑料的收集渠道多种多样，导致它们具有混杂性、污、脏等特点。这些塑料，如聚苯乙烯、聚丙烯、低密度聚乙烯等，对于普通人来说很难区分其差异。

因此，在塑料回收的过程中，分类变得至关重要。尽管目前大部分塑料分类工作仍然依赖人工，但国际上已有先进的设备可以实现精准的材料分选。举例来说，德国的一家化学科技协会研发了一种利用红外线识别塑料类别的方法，既快速又准确，尽管其分拣成本相对较高。然而，由于各种塑料的物理和化学特性差异显著，且很多塑料之间并不相容，因此，在再生之前，这些塑料必须进行严格的分类。值得注意的是，经过分类再生的塑料，其性质可能不太稳定，容易变脆，因此常常被用于生产一些较低档次的产品，如建筑填料、垃圾袋和雨鞋等。因此，为了有效利用这些废塑料并减少对环境的影响，正确的分类和再生过程显得尤为重要。

（2）油化法

油化法，即将塑料内的化学成分提炼出来以便再利用的方法。所采用的工艺是通过加入化学元素促使相结合的碳原子化学裂解，或是加入能源促成其热裂解。这种处理方法在理论上是可行的，因为塑料作为石油化工的产物，其化学结构为高分子碳氢化合物，与低分子碳氢化合物的汽油、柴油有所不同。通过给予废塑料一定的热能及催化剂，可以使其发生逆向反应，断开大分子链，转化为分子量较小的气、液、固三相新物质。因此，从技术上讲，将废塑料转化为燃油是完全可能的，也是当前环境科学和化学研究的重点。在这一领域，国内外已经取得了一些鼓舞人心的成果。例如，日本的富士回收技术公司成功地利用塑料油化技术，从1公斤废塑料中回收了0.6升的汽油、0.21升的柴油和0.21升的煤油。该公司还投资了18亿日元建立了一座废塑料油化厂，每天能够处理10吨废塑料，再生出10000升燃料油。此外，美国肯塔基大学也发明了一种高效的废塑料转化为燃油的技术，其出油率高达86%，为废塑料的再利用开辟了新的途径。

（3）生物降解法

塑料加工业普遍认为，生物降解塑料是21世纪的新技术课题。世界各国在生物降解塑料的研究开发方面投入了大量财力和人力，花费了很大的精力。生物降解性塑料在使用后可与普通生物垃圾一起堆肥，而不必花费很大代价进行收集、分类和再生处理，而且分解产物可以进入生态循环，不产生资源浪费问题。同时，这种塑料的生产成本较低，具有相应的经济性。研究目标是开发出一种在使用过程中可以保证其各项使用性能，而一旦用完废弃后，可被环境中的微生物分解，从而完全进入生态循环的塑料。研究人员希望开发出一种能在微生物环境中降解的塑料，以处理大量一次性使用塑料，特别是地膜及各种包装废弃物。在积极开发塑料回收再利用技术的同时，开发生物降解塑料成为当今世界各国塑料加工业的研究热点。

（4）合成新材料

据介绍，科学家使用一种新技术能将塑料垃圾加工成一种新型合成材料，这是匈牙利科学家首先研究出的将塑料垃圾转化成工业原料并进行再利用的新技术。实验显示，这种合成材料与沥青按一定比例混合后，可以制成用于铺路的材料，增强路面的坚硬度，减少碾压痕迹的出现，并且还可以广泛用作建筑物的隔热材料。专家认为，由于这项技术将塑料垃圾转化为新的工业原料，不仅在环保方面具有重大意义，而且还能减少初级能源如石油、天然气的使用，从而实现能源的节约。

利用粉煤灰和废塑料制造建筑用瓦对清洗废塑料的要求并不十分严格，这有利于工业化应用中的实际操作。选择粉煤灰、石墨和碳酸钙作为填料，从经济和环境角度综合考虑，是一个较好的选择。粉煤炭具有较大的表面积，与塑料具有良好的结合力，可以保证瓦片具有较长的使用寿命和较高的强度。向塑料中加入适当的填料可以提高耐热性、尺寸稳定性、强度和硬度，并降低成本和成型收缩率。一般而言，各种废塑料都会不同程度地粘有污垢，需要加以清洗，否则会影响产品质量。

具有微细密闭气孔的硬质聚苯乙烯泡沫塑料板保温性能好，可用作建筑物密封材料。该板通过在模具中加热制得，其步骤是先使聚苯乙烯珠粒经加热预发泡，然后加入一定剂量的低沸点液体改性剂、发泡剂、催化剂、稳定剂等，再加入消泡后的废聚苯乙烯泡沫塑料。

（5）减类设计法

革命性的转变在于构思方法的变革。不再仅仅考虑采用哪种塑料最适合制作个别的零部件，而是广泛考虑使用多种材质，并且在产品设计阶段就要考虑拆卸和回收的因素。

目前，整个塑料加工业都逐渐受到这种设计理念的影响。特别是汽车工业，希望树立环保的形象，获得消费者的认可，因此开始减少使用塑料的种类，并且在设计上考虑回收的可能性。德国宝马公司准备在其新车设计中减少 40% 的塑料种类，目的是方便废塑料的回收。为了获得更好的回收效果，设计人员开始避免在设计产品中使用多种不同种类的塑料。

2. 废塑料添加剂种类的选择

在用废旧塑料生产再生制品时，需要添加的助剂包括增塑剂、稳定剂、润滑剂、着色剂、发泡剂和填充剂等。为了改进废旧塑料的加工性能、机械性能、热性能和电性能等方面的表现，并在再制过程中尽可能提高再生制品的质量，有必要在再生制品生产过程中添加一定量的助剂。例如，废旧软质聚氯乙烯中增塑剂的损失较大，导致其生产的再生制品性能远不如用新料生产的制品。废旧塑料制品在使用过程中，由于受到光和热的作用以及外界条件的影响，已有不同程度的老化，其中所含的各种添加剂也均有不同程度的损失。

在确定再制品配方时，应当基于塑料的品种、老化程度等因素，考虑以下几点：首先，选择适合的添加剂种类；其次，确定添加剂的加入量；最后，调整配方以达到最佳效果。在配料过程中，选择助剂的总原则是在保证再生制品满足使用性能的前提下，避免成本过高。一般而言，需要考虑以下几点：由于废旧塑料和再生制品价格较低，所以选择添加剂时也应注重成本控制；由于废旧塑料常常是多种颜色废料的混合，再生加工时一般会选择深色着色剂，因此对所选助剂的外观色泽要求不高；最重要的是，添加剂必须能够满足再生制品的性能要求。

对于聚氯乙烯来说，配料过程尤为重要，可以在造粒时添加一些助剂以改善回收料的质量。而废旧塑料是指使用后的塑料，其性能上都有不同程度的下降。相比之下，聚烯烃塑料一般不进行配料，即使需要，过程也很简单。在加工成型时，聚烯烃塑料通常只需要添加少量助剂，如抗氧化剂和紫外线吸收剂。对于其废料的再生，通常只需加入少量着色剂，因此配方相对容易确定。然而，如果这类塑料严重老化，变硬发脆，那么配料的组成就需要根据具体情况来确定了。

（三）金属包装材料的回收处理

1. 废钢铁回收处理

废钢铁回收处理的流程包括四个关键步骤：磁选—清洗—预热—回炉。

磁选是一种利用固体废物中各种物质的磁性差异，在不均匀磁场中进行分选的处理方法。它是分选铁基金属最有效的方法。在磁选过程中，将固体废物输送进磁选机后，磁性颗粒在不均匀磁场作用下被磁化，从而受到磁场吸引力的作用，被吸进圆筒上并随圆筒进入排料端排出；而非磁性颗粒由于所受的磁场作用力很小，仍留在废物中。磁选所采用的磁场源通常为电磁体或永磁体两种。

用各种不同的化学溶剂或热的表面活性剂来清洗，可以清除钢件表面的油污、铁锈、泥沙等，这种方法常用来处理被切削机油、润滑脂、油污或其他附着物污染的发动机、轴承、齿轮等。

为了处理废钢中的水分和油脂，许多钢厂采用了预热废钢的方法。他们使用火焰直接烘烤废钢，以烧去其中的水分和油脂，然后再将其投入钢炉。这是因为废钢上经常粘有润滑脂和油之类的污染物，这些不能立刻蒸发的润滑脂和油会对熔融的金属造成污染。同样，露天存放的废钢受潮后，夹杂的水分和其他润滑脂和油也会对熔融的金属造成污染。此外，由于夹杂的水分和其他润滑脂等易汽化物料在炉内会因炸裂作用而迅速膨胀，因此这些废钢也不宜直接加入炼钢炉。通过预热回炉的方式，可以确保废钢的质量，避免对炼钢过程造成不良影响。

在金属预热体系中，存在两大亟待解决的难题。首先，废钢的尺寸和厚度差异导致了预热与燃烧过程的不均衡，从而使得废钢表面的污染物无法得到彻底清除。其次，油脂的不完全燃烧产生了大量碳氢化合物，这不仅加剧了大气污染问题，也要求我们积极寻求有效的解决策略。这两个问题对金属预热体系的运行效率和环境保护都产生了不良影响，需要我们高度重视并积极应对。

2. 废铝回收处理

铝是目前世界上除钢铁外用量最大的金属。在有色金属中，铝无论在储量、产量、用量方面均属前位。铝的使用范围十分广泛，各行各业中铝合金属几乎无所不在。随着产量、使用量的增加，废弃铝制品量也越来越大。而且，许多铝制品都是一次性使用，从制成产品至产品丧失使用价值经过的时间较短，因此，这些废弃杂料成了污染之源。如何再生利用变得十分迫切。

3. 废铜回收处理

废铜的价值主要体现在其再生利用方面，其潜在价值相当显著。以实际例子来说，清洁度高的一级废铜，其市场价格能够超越新精炼铜的90%；同样，黄铜废料的价格亦能达到对应黄铜价格的80%以上。废铜的再生工艺并不复杂，首要步骤是收集废铜并进行分类筛选。对于未受污染或成分一致的铜合金，可直接回炉熔化再利用；受到严重污染的废铜则需进一步精炼，以剔除杂质；而混杂的铜合金废料，需在熔化后进行成分调整。通过上述再生流程，废铜的物理与化学属性得以保持完好，实现全面更新。废杂铜的再生处理应遵循两步法：先进行干燥处理，燃烧掉机油、润滑脂等有机物；随后进行金属熔炼，将金属杂质随熔渣一同去除。

废杂铜处理工艺及设备在全球范围内主要采用炉火法精炼工艺结合电解工艺。德国胡藤维克凯撒工厂以其卓越的技术和规模引领着废杂铜精炼的潮流，该厂运用先进的倾动炉和反射炉技术处理废杂铜，并通过电解工艺高效生产阴极铜。

我国废杂铜的预处理及再生利用工艺与装备的整体水平，在与国外先进技术对比时显得落后，这主要体现在两大关键环节之间存在断裂，导致我国缺乏能够将废杂铜从拆解到精炼成阴极铜的完整工厂。此外，我国废杂铜精炼工厂普遍规模较小、工艺陈旧、装备水平低下，同时面临着严重的环保问题。这些问题共同导致了工厂的产品质量往往只能达到甚至低于国标标准中的标准阴极铜水平。因此，大量高品位的废杂铜未经精炼就被直接制成铜线锭和铜"黑杆"，这进一步凸显了我国在这一领域与国外先进技术之间的差距。

4. 废镁回收处理

由于镁在各个行业的用量日益增多，回收与利用废镁和废旧镁合金已经成为一个突出课题。由于镁合金的熔化潜热比铝合金低得多，消耗的能量也比铝合金少，因此镁及其合金是易于回收的金属，目前使用的镁合金都可以被回收。

在近代工程金属材料的应用领域，镁合金的用量以每年15%的速度迅猛增长，这一增速远超过铝、铜、锌、镍以及钢铁等金属材料。这种显著增长的原因在于镁合金所具备的一系列卓越性能。具体而言，镁合金拥有高比强度、高比刚度、优良的减震性、良好的可切削加工性和可回收性。此外，镁合金的密度仅为 $1.7g/m^2$，这一数值是铝的 2/3，是钢的 1/4。因此，镁合金在众多工程金属材料中脱颖而出，成为一种备受青睐的选择。

其回收途径主要包括两个方面：一是收集并处理镁生产过程中产生的废料和切屑；二是回收利用已失效或报废的镁合金零部件。通过这些措施，我们可以有效地实现资源的再利用，减少浪费，并促进可持续发展。

为凸显镁合金零件的独特性，并与传统的铝合金材质形成鲜明对比，我们在压铸模的非主要大面上精心雕刻了"mg"标识。这一精致的标记不仅使得镁合金零件在外观上与众不同，还能在回收利用时提供便利的筛选依据，为镁合金零件的回收再利用创造了更多可能性。

随着我国镁合金产业的迅猛增长，全国各地的镁合金生产厂商纷纷着手构建废弃镁材的回收机制。为了进一步开发和利用镁资源，重庆镁业科技股份有限公司特别设立了万盛镁厂，该厂承担着一项至关重要的任务——对压铸生产过程中产生的废弃部件、毛边料以及报废的镁合金零部件进行专业的回炉熔炼。通过这一流程，万盛镁厂能够生产出质量上乘、成本效益显著的再生镁合金锭。这种再生锭相较于直接从镁矿中提取的产品，在成本和品质上均具备显著优势。这一举措不仅有效推动了废镁的回收与再利用，更使得镁合金资源的开采、加工、应用，直至产品报废及余料切屑的回收，形成了一个闭环式循环利用体系。

第五章 绿色低碳包装设计的实践案例

本章论述是绿色低碳包装设计的实践案例，从食品类包装设计、家居生活类包装设计、运输包装设计进行了论述，以便对绿色低碳包装设计有一个更深入的了解。

第一节 食品类包装设计

一、包装材料选择的原则

食品类包装设计，无疑是艺术与科学的交融之作，材料选择在其中扮演了至关重要的角色。它不仅与包装的外观、手感息息相关，更涉及包装的实用性、审美价值等多个层面。首先，聚焦材料如何塑造包装的结构与外观。不同材料因其物理特性的差异，如硬度、韧性等，赋予了包装各异的形态与触感。同时，材料选择也是传递产品内涵与理念的重要手段。设计师需深入挖掘产品特性与品牌文化，选择与之契合的材料，通过材质的特质来展现产品的独特价值与品牌精神。其次，不能忽视材料选择的美学价值。不同的材料带来的视觉与触觉体验各异，设计师应善于利用这些特性，结合产品特点与目标受众的审美偏好，创造出既实用又美观的包装设计。例如，不同的材料的油墨吸收能力、干燥速度以及色彩表现力各有千秋。因此，设计师在选材时，需充分考量印刷工艺的需求，以确保印刷效果能够完美贴合设计初衷。总之，食品类包装设计的材料选择是一项极具挑战性的任务。它要求设计师在满足包装基本功能的同时，还需兼顾产品的内涵、理念与美学价值。因此，在进行包装设计时，必须充分考虑各种因素，精心挑选材料，以打造出既实用又美观的包装设计。这样的设计不仅能够提升产品的市场竞争力，更能为消费者带来愉悦与安全的购物体验。

（一）材料的减量化和轻量化原则

在现代社会，包装材料的设计与应用的目的已远超单纯的商品保护和运输便捷性，转而追求功能性与环保性的完美结合。这一转变不仅标志着包装设计理念的深刻变革，更是对环境保护的积极响应和对人类生存环境的深思熟虑。谈及包装的功能性，其核心在于确保食品的安全，避免在运输和储存过程中受到任何形式的污染或损害。同时，包装材料还需具备卓越的易用性，无论是生产者的包装流程，还是消费者的使用过程，都应追求简单高效。这不仅是包装设计的初衷，更是其存在的根本价值。通过优化包装结构，使其更为紧凑合理，是减少材料用量的有效途径。与此同时，采用轻质材料替代传统材料，也是减轻环境负担的重要措施。这些举措的实施，不仅能够在源头上减少废弃物的产生，进而降低对自然环境的压力，更有助于应对全球资源日益紧张的问题，推动包装行业朝着可持续的方向发展。

1.减量化原则

材料减量化设计的核心意义与结构减量化的理念有着诸多共通之处。在确保包装满足基本功能需求，如运输与储存的稳定性和安全性之余，应积极寻求减少材料使用量的有效途径。尤其是通过优化材料选择，倾向于使用单一材料，不仅有助于实现成本上的降低，更能显著减少资源的消耗，响应资源节约型社会的号召。如三顿半和白矮星的联名咖啡——WHITE XTAR，这款咖啡包装的灵感来自维度的跨越，解构完整的"一张纸"，用四条裁切使纸张支撑起包裹空间，最大限度减少裁切浪费，卡扣使用回收金属铸造而成（图5-1-1）。

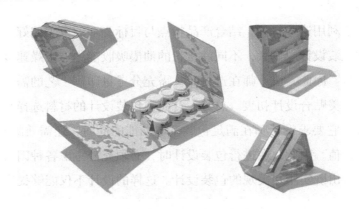

图5-1-1　WHITE XTRA 咖啡包装设计

2. 轻量化原则

在包装领域，轻量化材料的应用日益受到关注，其优势也日渐凸显。采用轻质且低密度的材料，不仅能够在原材料使用上实现显著节约，更可以大幅度改善空间的利用效率，使得运输和储存过程更加便捷。金属、塑料和玻璃无疑是包装领域应用比较广泛的几种传统材料。然而，这些传统材料并非无法优化。借助现代科技的力量，可以对这些材料进行改良，使其达到轻量化的目标。下面是金属材质、塑料材质轻量化的典型案例。

（1）金属材质

雀巢公司作为全球排名靠前的食品公司，旗下商品数万种，早于 1991 年，公司在全球范围内开始研发包装材质轻量化项目，并投入生产至今。雀巢罐装咖啡可谓即饮咖啡的经典（图 5-1-2）。其金属材质经过二次冷轧铁技术，将其厚度由原本的 0.16mm 降低到 0.14mm，0.02mm 这个数据看上去虽微乎其微，但每年减少材料使用量达到 840 吨。这种积少成多式减少对于资源的使用量，并丝毫未降低包装的抗压性，轻量不轻质。

图 5-1-2　雀巢罐装咖啡

（2）塑料材质

宜家（IKEA）是一家知名的家居用品公司，他们在减轻其产品的重量方面做出了努力。通过使用轻量化的塑料材料来设计家具和装饰品，宜家成功地提高了产品的便携性和可用性，同时降低了运输成本。宜家在塑料材质轻量化方面的一个典型案例是他们的塑料椅子系列，如名为"阿德（Adde）"的塑料椅子（图5-1-3）。这一款椅子采用了轻量化的塑料材料制成，使得它们更易于搬运和摆放，同时保持了结实和耐用的特性。这些轻量化的塑料椅子在家庭和商业场所中都得到了广泛应用，成为宜家的畅销产品之一。

图 5-1-3　阿德椅子

（二）材料的可回收利用原则

谈及食品类包装材料的可回收性及其再生设计的原则，不难发现，通过一系列技术处理可以将这些材料转化为全新的资源，进而实现循环再利用，这是行业发展的重要方向。这种通过技术手段让材料焕发新生的设计理念，被称为"材料再生设计原则"。举例来说，纸质包装材料经过一系列工序，如破碎、脱色、制浆等，变为再生纸，再度在办公用品等领域重新使用。这一过程不仅显著减少了资源消耗，还在一定程度上降低了二氧化碳的排放量，对于环境保护有着重要意义。值得一提的是，并非所有的包装材料都能够轻易地实现再生。它们首先需要满足可回收的基本标准，即能够被有效地收集、分类和处理。只有在满足这一前提的基础上，才能进一步通过技术手段对其进行处理，从而实现真正的循环再利用。目前，市场上已经涌现出越来越多的以 100% 可回收材料制成的包装产品，这不仅是企业积极响应环保号召的体现，更是他们追求可持续发展、实现经济效益与环境效益双赢的明智之举。如利乐包装，也就是生活中常见的液体食品复合纸包装。国内外许多知名食品品牌均采用利乐包装，其无菌包装材料由纸、铝箔以及聚乙烯塑料复合制成（图 5-1-4）。其中纸板占比 75%，属于 100% 可回收再生的原生纤维材料，若使其完全达到回收再利用，据不完全统计，每年可节省约 9000 吨的原生纸浆。

① ②

图 5-1-4　利乐包装

可口可乐公司于 2009 年推出世界首款高达 30% 可再生植物原料且 100% 可回收利用的 PET 塑料瓶——植物环保瓶（plant bottle）。经过技术的提升于 2021 年推出瓶身由 100% 植物基塑料（plant-based plastic）制成的塑料瓶。植物基塑料的造型、功能以及回收率与传统 PET 相似，但相比之下，其对于石油等多种不可再生的资源利用量降低，对环境造成的影响更小，使包装使用过后得到百分百地回收利用（图 5-1-5）。

图 5-1-5　100% 植物基包装

（三）材料的可降解原则

可降解原则的提出对于解决包装废弃物问题具有深远的意义。该原则主张，在面对那些难以通过回收再利用方式处理的包装废弃物时，应当选择那些能够在不损害自然环境的前提下自然分解和腐化的材料。这一原则不仅彰显了对地球资源的珍视，也体现了对生态环境的尊重和呵护。

根据降解方式的不同，可降解材料可大致分为两大类：不需要外界因素支持的环境降解材料以及通过生物降解、光降解两种方式之一降解的材料。

环境降解材料，这一源自大自然的神奇素材，以其独特的易分解和可再生特性，在食品包装设计中展现出令人瞩目的美学魅力。谈及环境降解材料，不禁联想到它那份源自大自然的亲切与纯净，那份与生俱来的质朴与雅致。其天然质地、五彩斑斓的色彩和别具一格的纹理，赋予了包装以独特的视觉冲击力，使消费者在欣赏的同时，深刻感受到与大自然的和谐交融。追溯至人类文明的发展初期，先祖巧妙地运用竹叶、荆条、贝壳等天然材料作为食物的包裹与保护。这些原始的包装形式，虽简朴却充满智慧，蕴含着人类与大自然之间深厚的情感。随着手工技艺的日臻完善，这些天然材料经过匠心独运的加工与改造，逐渐演化为竹筐、麻袋、藤包等更为精致且实用的包装形态。步入现代社会，尽管科技日新月异，新型包装材料层出不穷，但天然材料在食品包装领域仍占据一席之地。以日本传统美食水羊羹（图5-1-6）为例，其包装常采用竹子这一环保材料。这种包装方式不仅凸显了竹子的自然之美，更在无形中传递出环保与可持续的生活理念。具体而言，水羊羹的包装采用的是精选的竹子段。工匠精心挑选竹子，截取长度合适的一段，经过巧妙的加工，使其一端开口。然后，将水羊羹的原材料放入处理好的竹筒中，这个过程需要细致入微的操作，以确保水羊羹能够完美地填充在竹筒内。接下来，将竹叶覆盖在竹筒开口处，经过特定的技艺，将其紧紧贴合在竹筒上，既起到了封口的作用，又增添了包装的自然美感。

① ②

图5-1-6　水羊羹包装

在环保意识日益高涨的当下，新型的材质分解技术正逐渐崭露头角，为地球的可持续发展提供了强大的动力。其中，生物降解和光降解这两种分解技术，以其独特的优势，正在逐步融入我们的日常生活。首先，生物降解，即通过微生物的作用，将高分子化合物转化为低分子化合物，进而融入自然之中。这是一种天然且环保的分解过程。这种分解方法不仅效果显著，而且符合自然法则，对环境的负面影响微乎其微。生物降解的应用领域日益广泛，尤其在食品包装等行业表现出色。这种材料的使用，不仅有效减少了传统塑料包装带来的环境污染，还为我们的生活带来了诸多便利。随着环保政策的持续深化，生物降解材料的应用范围也在不断扩大。例如，在超市购物时，传统的 PE 塑料袋已被可降解购物袋所取代（图 5-1-7）。这种购物袋由植物提取的材料制成，既环保又耐用。更值得一提的是，当这种袋子被填埋后，它能在微生物的作用下分解为生物颗粒，进而促进植物的生长，实现资源的循环利用。

图 5-1-7 超市可降解塑料袋

英国伦敦的 Notpla 公司研发的外卖盒（图 5-1-8），其设计理念在于解决传统纸质外卖盒所面临的环保难题。传统的外卖盒往往依赖合成化学物质来实现防水防油的效果，然而，这些化学物质却使得包装难以被分解或回收，从而加剧了环境压力。Notpla 则另辟蹊径，他们采用了一种不含化学物质的纸板作为原材料，并创新性地研发了一种完全由海藻和植物构成的涂层。这种涂层不仅具备出色的防油防水功能，而且能够在短短数周内实现完全生物降解，从而实现了真正的环保目标。通过这一创新，Notpla 成功地将环保理念融入了外卖盒的设计中，既满足了消费者对于防水防油的需求，又有效减轻了环境负担。这一举措无疑为外卖行业的可持续发展提供了新的思路和方向。

图 5-1-8　可降解外卖包装盒

二、包装设计视觉语言的简约化

在当前环保意识日益增强的社会背景下，绿色环保已经成为包装设计的一大趋势。包装设计师越来越注重使用可持续材料，减少不必要的包装，并采用可回收或生物降解的材料，以减少对环境的影响。这种设计趋势不仅体现了对自然生态的尊重，也彰显了对健康生活方式的推崇。

食品的包装，作为品牌与消费者之间沟通的视觉媒介，承载着重要的信息传递功能。这一视觉媒介的构成元素主要包括文字、色彩与图形，三者共同编织出引人入胜的视觉故事，使消费者在欣赏中感受到轻松与愉悦。

简约化设计作为现代设计的重要流派，其核心理念在于"以少胜多"。它倡导通过简化设计元素和去除多余的装饰，以清晰、直接的方式传达信息。这种设计风格不仅能够提升包装的美观性，而且能使消费者快速识别产品，从而提高品牌的辨识度。通过这样的设计实践，包装不仅有效地保护了产品，还成为品牌传播和市场营销的有力工具。简约化包装设计不仅提升了产品的市场竞争力，也反映了现代社会对于环保和健康生活方式的追求。最终，这种设计理念不仅能够赢得消费者的青睐，还能够促进品牌的长期发展。下面分别从文字、色彩、图形三个维度，对简约化设计展开分析。

（一）文字语言

在食品的包装设计中，文字无疑占据着举足轻重的地位，并赋予产品独特的魅力与光彩。作为语言的视觉化呈现，文字不仅是信息的载体，更是文化的传承与展现。首先，文字凭借其独特的魅力，将产品的特性、价值以及品牌形象展现得淋漓尽致。文字在包装设计中扮演着信息传递的关键角色。借助包装这一媒介，文字能够精准地描绘出食品的成分、口感、功效等核心信息，使消费者在短时间内便能洞悉产品的精髓。这不仅为消费者的购买决策提供了有力的依据，还进一步增强了产品的市场竞争力。其次，文字在包装设计中也具备独特的装饰功能。设计师可以运用多样化的字体、排版和色彩搭配，使文字与包装的整体风格相得益彰，创造出别具一格的视觉体验。精美的文字设计不仅能够吸引消费者的目光，还能够提升产品的档次与格调。

尽管图形和色彩在包装设计中同样扮演着重要的角色，但文字的直接性却是它们无法替代的。图形和色彩虽然能够传达一定的信息和情感，但往往需要消费者进行一定的解读与联想。而文字则能够直接、明确地阐述产品的特点与优势，使消费者一目了然。

因此，在食品类包装设计中，巧妙运用文字显得尤为重要。设计师需要深入了解产品的特色以及目标消费者的需求，通过精心的文字设计，将产品的价值与品牌形象完美地呈现给消费者。

1. 辨识性

食品的包装设计，历来被视为塑造品牌形象和市场营销的关键所在。在这些设计之中，文字的作用尤为突出，它不仅是消费者与产品之间的直接沟通桥梁，还承载着传递产品信息、引导消费决策以及构建品牌信赖等多重使命。因此，对于食品包装而言，文字设计的精心策划与运用显得至关重要。文字在包装设计中需承担起明确传达产品信息的重任。这包括但不限于产品的名称、主要成分、口感描述以及规格大小等。对于食品类产品，消费者往往关心其营养成分、保质期以及是否含有过敏原等细节。这些核心要素需通过文字在包装上得以清晰展现，确保消费者在第一时间便能对产品有大致的了解。而过于追求艺术效果或视觉冲击的文字设计可能会导致消费者产生困惑，甚至无法准确识别产品的基本信息。因此，产品包装在追求视觉美感的同时，更应注重文字的辨识度与功能性。

2. 准确性

字体设计的精髓是要始终坚守一个核心理念，即在尊重文字固有结构、笔画、框架的基础上，运用独具匠心的创新设计，让字体既保持文字的精确性，又洋溢着艺术的气息。设计者要认识到文字作为信息的传递者，其结构、笔画是历史文化的积淀，而框架则是确保文字可读性和识别度的基石。因此，在进行字体设计时，要对这些基本要素怀有敬畏之心，确保字体的基本形态得到恰如其分的展现。在食品包装设计中，字体的选用和运用显得尤为重要。正面包装是吸引消费者目光的焦点，因此应选择具有创意和吸引力的字体设计。这些字体可能会融入品牌特色、产品属性等元素，通过独特的造型、色彩和纹理，营造出别具一格的品牌氛围。同时，也会注重字体的可读性和辨识度，确保消费者能够轻松理解包装上的信息。而背面信息则侧重为消费者提供详尽的产品说明和使用方法。因此，在背面信息的字体设计上，会更加注重规范、清晰和易读性，因此应选择简洁明了、易于阅读的字体，确保消费者能够轻松获取所需信息，避免产生视觉上的混乱或阅读上的障碍。

然而，仅仅恪守文字的基本结构是不足以创造出令人眼前一亮的字体的。为了赋予字体独特的韵味，要在维持其精确性的同时，运用专业的设计手法，进行大胆而富有新意的设计探索。深入钻研每个字的笔画特性，寻找可能的创新空间，通过调整笔画的粗细、曲直、连接方式等，为字体注入新的活力。同时，也会注重字体的整体和谐性，确保在创新的过程中不损害字体的整体美感。此外，还会积极融入绿色设计理念，对非必要的文字信息进行精简设计。这不仅有助于提升包装的简洁度和美观度，更能有效凸显品牌和产品的视觉效果。通过精心筛选和排版文字信息，确保重要信息得到突出展现，同时减少冗余和不必要的文字，使包装更加清爽、大气。如欧丽薇兰旗下的"意点态度"意大利面包装设计（图5-1-9 和图 5-1-10）。

图 5-1-9　"意点态度"意大利面包装设计 1

图 5-1-10　"意点态度"意大利面包装设计 2

　　如图 5-1-11 所示，这款包装的设计独辟蹊径，彰显出一种简约而不失活力的风格，成功地将品牌名称与所属品类置于醒目之处。同时，包装上显著标注了"无糖"和具体的能量值信息，为消费者提供了直观的产品概述。在设计布局上，文字内容约占整个包装的 25%，恰到好处地避免了视觉上的拥挤感，又确保了关键信息的有效传达，使消费者一眼便能关注到产品的核心特色。在视觉呈现方面，设计师追求极致的简约，摒弃了烦琐的装饰和图案，使得整个包装呈现出一种清爽利落的视觉效果。品牌字体设计新颖明快，与优雅的弧形彩条相互映衬，形成了一种别具一格的视觉冲击力，既彰显了品牌的个性，又传达出产品独特的口感特点。设计师还善于运用空间对比和视觉引导的技巧，将产品的重要信息以强烈而直接的方式展现给消费者。通过精心的排版和色彩搭配，使得包装在第一时间便能吸引消费者的目光，激发他们的购买欲望。

图 5-1-11　无糖可口可乐包装

在现代设计中，文字设计以绿色理念为引领的重要性不言而喻。这一设计理念不仅聚焦于环保与可持续性，更在追求审美价值的同时力求实现受众理解的深度与广度。文字设计的每个细微之处都需要精心打磨，确保绿色、环保的核心理念能够贯穿于每个细节之中。在设计过程中，文字设计的清晰性与精确性至关重要。作为信息传达的媒介，文字的首要任务是确保信息的准确传递，避免过于复杂或艺术化的设计导致信息解读的困难。精确性也是文字设计的基石，每个字、每个词都应精准地传达其含义，防止产生误解或误导。同时，也不能忽视文字设计在视觉审美上的舒适性。过于刺眼或过于平淡的文字都会影响消费者的视觉体验。因此，在设计文字时，还应注重色彩的搭配、字形的优化以及排版的合理性，共同营造出一个和谐、统一的视觉形象，使其在传达信息的同时，也能带给受众一种愉悦的视觉享受。

（二）色彩语言

色彩在视觉设计与营销领域处于不可或缺的地位，特别是在食品行业的应用中显得尤为突出。色彩，这一视觉设计的核心要素，具有直观传递信息与情感的能力，为产品和品牌注入了独特的生命力。在食品领域，色彩的运用显得尤为重要。每一种色彩都承载着独特的寓意，能够触动人们的情感与联想。例如，纯净的白色常常让人联想到清新自然的食物，给人以洁净无瑕之感；而深邃的黑色则透露出一种神秘而高贵的气质，适用于追求高端品质的食品品牌；蓝色则如同海洋与天空般广阔深邃，带给人宁静与清新的感受，特别适用于饮料等产品的包装设计。此外，不同的地域和文化背景下，人们对色彩的理解和偏好各不相同。因此，设计师在进行视觉设计和营销活动设计时，需深入探究目标受众的情感与文化背景，以便更有针对性地运用色彩心理学进行设计。

在食品包装设计中，色彩的应用堪称关键之笔。随着绿色环保意识的日益增强，绿色设计理念也逐渐受到重视。设计师应避免使用过于复杂和炫目的色彩组合，以免给消费者带来视觉上的疲惫和纷乱。相反，采用简洁、协调的色彩搭配，能够让包装在引人注目的同时，也带来一种舒适的视觉体验。此外，还可以运用色相、明度、纯度、冷暖、面积等对比手法，增强包装的视觉冲击力和层次感。运用这些对比手法不仅能够让包装更加引人注目，还能够凸显产品的独特卖点和特点。同时，设计师还可以尝试使用同类色进行搭配，营造出一种和谐统一的视觉效果。值得注意的是，包装材料的特性也为色彩设计提供了丰富的灵感。例如，玻璃材料因其良好的透明性，使得设计师可以通过色彩与透明度的巧妙结合，创造出别具一格的包装设计。这种设计方式不仅符合绿色化的设计理念，还能够提升产品的附加值和市场竞争力。

1. 同类色运用

在食品包装设计中，色彩的应用堪称一门微妙而至关重要的技艺。色彩，作为视觉的先锋元素，对塑造产品的初步印象具有举足轻重的作用。它既能影响消费者的购买决策，也能塑造品牌形象，提升产品的市场竞争力。因此，在食品包装设计中，需审慎而巧妙地运用色彩，既要考虑色彩的视觉效果，又要兼顾消费者的心理感受。在食品包装设计中，巧妙地运用同类色具有显著优势。选择与产品特性相契合的同类色，可以在视觉上形成强烈的冲击力，凸显产品的特色，加深消费者对产品的记忆。例如，对于果汁类饮料，可以采用鲜艳的果色作为主色调，展现其新鲜、天然的特点；而对于咖啡、茶等饮品，则可选择深色调，传达其浓郁、沉稳的口感。此外，借助食物的色彩联想来优化包装设计同样至关重要。设计师可以通过将特定的颜色与口味相结合，使消费者在看到包装时便能联想到产品的味道。比如，黑色或棕色往往让人联想到巧克力的甜美，粉色则让人联想到草莓味或樱花味的清新，而蓝色则常与蓝莓味或海鲜味相关联。这种色彩运用方式不仅有助于消费者迅速了解产品特性，还能在一定程度上提升产品的吸引力。当然，同类色的运用并不意味着单调乏味。相反，经过精心研究和提炼的同类色组合，能够最大限度地突出产品特性，发挥其效用。同时，还可以通过调整色彩的明暗度、饱和度等属性，创造出丰富多彩的视觉效果，使包装更具层次感和立体感。

如图 5-1-12 所示，好利来麻薯小团圆以其别具一格的包装设计在竞争激烈的食品市场中脱颖而出，赢得了广大消费者的青睐。其包装设计巧妙地将口味联想与色彩相结合，运用同类色的概念，将麻薯小团圆的独特口感与相应的色彩融合。这种设计使得消费者在第一眼看到包装时，便能联想到食品的诱人味道，从而引发购买欲望。在色彩搭配上，包装以深浅变化的同类色为主，形成了鲜明的层次感与空间感。这种色彩搭配不仅使包装看起来和谐统一，还凸显了食品本身的特色。同时，设计师还巧妙运用黑白色调，突出了包装上的文字与高光部分，使信息更加清晰明了，增强了整体的视觉冲击力。此外，设计师还在包装上融入了季节性的色彩元素，使得整个设计充满了时效性和新鲜感。这种设计手法不仅让消费者在第一时间感受到产品的季节性特点，还进一步激发了消费者的购买热情。

图 5-1-12 好利来的麻薯小团圆包装

日本设计师八木义博（Yoshihiro Yagi）精心打造的百奇（Pocky）系列零食

的包装（图 5-1-13），独具匠心。它采用了简约的整体色彩设计，巧妙搭配流行色调，让人耳目一新。在色彩运用上，设计师不仅通过色彩联想为饼干主体赋予了生动的色彩，更在背景色上选用了同类色，从而营造出一种简约而明快的视觉效果。此外，包装上阳光明快的色彩与独特的 2D 风格图形相互融合，为整体设计增加了一份俏皮与趣味，使得这款产品的包装更加吸引人。

图 5-1-13　Pocky 包装

2. 固有色运用

在日益激烈的市场竞争中，商品的包装设计已经成为吸引消费者注意力和传递产品信息的关键环节。其中，产品固有色在包装设计中扮演着举足轻重的角色。产品固有色，即产品本身所呈现的自然色彩，往往直接反映了产品的基本属性和特色。对于食品类商品而言，产品固有色与产品的风味、品质等要素紧密相连。因此，将产品固有色与包装设计相结合，不仅可以加深消费者对产品的印象，还有助于提升产品的品牌形象和市场竞争力。如图 5-1-14 所示，以 Shifa 蜂蜜包装设计为例，设计师充分发挥了产品固有色——蜂蜜金黄色的魅力。他们将这一鲜明的色彩作为设计的核心元素，赋予包装一种高贵而典雅的视觉感受。同时，设计师还通过精心选择包装材料和结构，使包装与产品本身在视觉上形成和谐统一的整体。在材料选择上，设计师选用了透明的玻璃材质。这种材质不仅让消费者能够清晰地看到蜂蜜的真实质地和色泽，还在光线的映衬下使得蜂蜜的金黄色更加璀璨夺目，大大增强了包装的视觉冲击力。在结构设计上，设计师采用了简约的设计风格，避免过多的装饰和图案，将焦点放在蜂蜜的金黄色上。这种设计手法不仅使包装看起来更加简洁大方，还凸显了品牌的独特性和品质感。

图 5-1-14　Shifa 蜂蜜包装

如图 5-1-15 所示,这款果汁口味多样,借助塑料材质的透明度,结合插图解说,能够全面地展示给消费者。同时,消费者所关注的果汁中是否含有果粒的问题,无须通过文字解释,仅通过观察包装便可一目了然。

图 5-1-15　果汁包装设计

(三)图形语言

在现代商业浪潮中,食品包装早已超越了其传统的包装功能,成为市场营销和产品推广的得力助手。其中,图形语言更是扮演了举足轻重的角色。它如同一种视觉的密码,直观地揭示食品的内在信息,与文字描述共同编织起食品包装的完整信息网络。图形语言在食品包装中的应用,首要任务是向消费者准确传达食品的关键信息。无论是食品的成分构成、口感特点、使用方法,还是品牌背后所蕴含的文化内涵，图形语言都能以直观且生动的方式展现。这种视觉化的信息传递方式，使得消费者能够迅速捕捉到产品的核心信息，从而更高效地做出购买决策。然而，图形语言的设计并非随心所欲，它需要基于深入的市场调研和消费者心理分析。设计师需要深入理解目标消费者的审美偏好、认知习惯和消费心理，从而创作出既符合产品特性，又能与消费者产生共鸣的图形语言。这种设计思路确保了图形语言在传达信息的同时，也能触动消费者的情感。

图形语言的另一大魅力在于其趣味性和沟通力。通过富有创意的形象、鲜明的色彩和巧妙的构图，图形语言能够迅速吸引消费者的目光，激发他们的购买欲望。同时，图形语言还具备跨越语言和文化的沟通能力，让产品信息能够无障碍地传递给每一位消费者。图形语言可以大致分为具象图形和抽象图形两大类。无论是哪种类型的图形语言，都需要设计师的精心雕琢，才能发挥其最大的效用。

此外，随着环保理念日益深入人心，减量化设计在图形语言中的应用也越发受到重视。通过精简图形元素、优化设计方案，不仅实现了包装的绿色化，降低了资源消耗和环境污染，还通过图形语言引导消费者形成低碳、环保的消费观念。这种设计理念既符合社会发展的趋势，也体现了企业的环保责任。

1. 具象图形

在食品类产品的包装设计中，具象图形堪称画龙点睛之笔。它们以别具一格的创意和直观生动的呈现方式，赋予了产品独特的魅力，从而吸引了广大消费者的目光。具象图形主要包括实物图形、插画图形、联想图形和说明性图形等，每一种都在包装设计中发挥着举足轻重的作用。实物图形是展示产品真实面貌的一种直观方式。它用产品照片来真实呈现产品的外观、质感和色彩，让消费者一目了然地了解到产品的核心特征；插画图形为包装设计增添了一份艺术感和趣味性。它以创意的绘画手法描绘与产品相关的元素，让包装在众多竞品中脱颖而出。为消费者营造一种独特的氛围。联想图形是一种富有创意的具象图形类型。它通过运用与产品相关的元素，激发消费者的联想，从而加深他们对产品的印象（图5-1-16到图5-1-18）。说明性图形则与文字相辅相成，用于解释产品的使用方法、功能特点等信息。具象图形以简洁明了的方式传达产品的使用方法和注意事项，为消费者提供便利。

图 5-1-16 三只松鼠新包装 1

图 5-1-17 三只松鼠新包装 2

图 5-1-18 三只松鼠新包装 3

综上所述，随着市场日益繁荣，消费者需求越发多元化，包装设计亦在不断进化。然而，传统具象图形在包装设计中被频繁使用，导致消费者审美疲劳，难以激发他们的购买热情。这一现状不仅影响了商品的销售业绩，也在一定程度上制约了包装设计行业的创新发展。为了打破这一僵局，就需重新审视并创新包装设计中图形的运用。具体而言，可以尝试将不同风格的图形元素进行有机融合，创造出别具一格的视觉效果。此外，也可以充分发挥材料的特性与优势，与图形设计相得益彰，共同提升包装的整体品质。例如，利用透明包装材料展示实物图形，使消费者能够直观了解产品的外观与品质。同时，结合创意插画图形，以生动有趣的方式展现产品的特点与优势。这种图形与材料结构的完美结合，既能提升包装的视觉冲击力，又能增强消费者的购买信心。

2. 抽象几何图形

在现代设计领域，抽象几何图形正以其独特的魅力成为设计师争相运用的创意元素。这种图形在设计中的应用，不仅凸显了其独特的意象特点和感性表达，更在传递信息时赋予了作品丰富的内涵。与具象图形相比，抽象几何图形或许在信息传递上显得稍许模糊，但这恰恰是其独特之处。设计师通过匠心独运地运用这些图形，成功地为作品注入了更多的装饰性元素，从而精准地满足了消费者的心理预期。在设计中，抽象几何图形的特点首先体现在其非写实的视觉形态上。它不拘泥于现实的形态束缚，而是通过点、线、面的巧妙组合，呈现出一种简洁而有序的画面。这种视觉形态不仅激发了受众的无限联想，更与个人的主观想象相契合，使得设计作品更加富有深度和内涵。此外，抽象几何图形在设计中的一个显著特点是其简洁性与装饰性的完美结合。设计师常常在作品中巧妙地运用少量的抽象几何图形，既减少了印刷面积、降低了成本，又通过其独特的形态和色彩搭配，为作品增添了一份优雅与高贵。这种简洁而不失内涵的设计风格，正是抽象几何图形在设计中的独特魅力所在。值得注意的是，抽象几何图形在设计中的应用也具有一定的主观性。不同的人由于视觉体验、文化背景和社会性差异，对同一抽象几何图形的理解可能会有所不同。这种认识的多样性使抽象几何图形在设计中的应用更具神秘感和探索性，为设计师提供了更广阔的创作空间。

第二节　家居生活类包装设计

一、日化用品包装设计

（一）包装设计精简化

1. 信息传递效率的增加

在日化用品的包装设计中，过度添加的设计元素往往成为信息传递的绊脚石。

按照规定，包装上必须清晰明了地展示诸如质量检测证明、产品名称、生产商及其地址、规格、等级、成分列表、生产日期及保质期等一系列关键信息。这些信息不仅需要出现在最小独立包装上，也需要在外部包装上有所体现。如果包装上设计了过多的图案和装饰，可能会分散消费者的注意力，使得这些关键信息难以迅速被识别和理解，进而影响到消费者的使用感受。

在现代社会，消费市场的繁荣无疑凸显了包装设计的重要性。包装，这个商品的外在展示，不仅关乎商品的外观美感，更是传递商品信息、树立品牌形象的重要桥梁。因此，如何巧妙地优化包装设计，使之既能高效传递信息，又能减少不必要的包装浪费，已然成为我们共同关注的议题。对于包装设计的简化，可以考虑将信息文字标识的尺寸进行适度缩减，并直接印刷在最小销售单元的包装之上。这样不仅可以减少外包装或额外标签的设计需求，使包装更加简洁，同时也有助于降低生产成本，提升生产流程的效率。在油墨的选择上，应秉持环保理念，尽量采用环保油墨，并减少不必要的色彩使用。这一举措不仅符合当代社会的绿色潮流，更能有效降低包装材料在生产过程中的能源消耗。此外，优化信息传递层级同样至关重要，销售单元的包装要直接面向消费者，避免过多的包装层级造成信息传递的滞后或混淆。这样，消费者可以更加迅速地获取商品信息，做出明智的购买决策，从而提升整体的购物体验。

值得一提的是，双层标签设计（图 5-2-1）在优化包装方面展现出独特的优势。这种设计能够在不增加外包装的前提下，提高包装的信息承载量。通过巧妙设计双层标签，将商品信息、生产日期、保质期等重要内容整合于一个包装之上，从而减少对额外包装的需求，避免过度包装的问题。

图 5-2-1 双层标签

双面标签不同于双层标签，其应用则进一步拓宽了包装设计的创意空间。相较于传统的单面标签，双面标签充分利用了包装表面的每一寸空间，使包装信息得以更加全面、系统地展现。这种设计方式不仅减少了额外标签的需求，简化了产品外包装设计的复杂性，还使包装整体更加简洁、大方。同时，双面标签的应用也有助于增强消费者对产品的认知度和记忆度，进而提升品牌的传播效果。在实际应用中，双面标签（图5-2-2）在透明材质瓶身和半透明质地的日化用品包装中发挥着尤为关键的作用。以透明塑料、玻璃材质包装为例，这些材质本身具有良好的透明度，能够清晰地展示产品的质地和色泽。而双面标签的加入，则使包装信息得以更加直观地呈现在消费者面前。消费者无须打开包装，便能通过透明瓶身和双面标签轻松获取产品的相关信息。

图 5-2-2　透明瓶身的消毒酒精包装

2. 减小包装总体积和质量

在现今社会，过度包装现象已经引发了广泛关注。它不仅对资源造成巨大浪费，还增加了回收和运输的复杂度，对环境和经济带来了沉重负担。因此，我们必须积极寻求解决过度包装问题的有效途径。首先，我们必须正视过度包装所带来的负面影响。在商品的生产、流通和消费过程中，过度包装往往意味着过度消耗包装材料，这不仅加剧了资源的消耗，还提高了生产过程的能耗水平。同时，这些庞大的包装在回收和运输时也会占用更多的空间和消耗更多的资源，进一步增加了成本。此外，过度包装还可能误导消费者，使他们误以为包装越豪华，商品的质量就越高，从而助长了消费主义的倾向。为了有效应对这一问题，需要积极推广一种绿色的设计理念"简约包装"。通过优化包装设计，可以在确保商品安全和便利性的前提下，尽可能减少包装的尺寸和重量。这不仅能够大幅度减少包装材料的消耗，降低生产过程中的能耗，还能降低回收和运输的成本，提升物流效率。

3.审美追求和装饰元素的改变

日化用品,作为生活中的必需品,其包装设计扮演着多重角色,既要体现品牌精神,又要凸显产品特色,同时还需吸引消费者的目光。然而,传统的日化用品包装设计过于依赖丰富的色彩和图案,虽然这种手法一度能吸引消费者的注意,但如今却带来了一系列问题。首先,这种设计手法增加了包装的生产成本。在制造过程中,复杂的图案和多样的色彩需要更多的油墨和烦琐的印刷工艺,这无疑加重了企业的经济负担。其次,这种设计方法提高了包装材料的消耗和生产难度。为了追求视觉效果,设计师往往选择使用更多的包装材料,使得结构复杂,增加了资源的不必要消耗。然而,人们逐渐意识到,这种过分追求视觉效果的包装设计理念已经不适应时代发展的要求。随着社会的进步和消费者观念的转变,环保、实用和可持续性成为人们更为关注的焦点。

从绿色设计的角度出发,需要对日化用品的包装设计进行深入的反思和改革。设计师在创作时,应更加注重材质的选用和质感的呈现,而非仅仅追求图案和色彩的丰富性。选择环保、可循环的包装材料,不仅有助于降低对环境的负担,还能使包装更加简洁、大气。同时,通过简化图案和色彩,同样可以凸显产品的功能和特点,使包装与产品相得益彰。并且可以逐渐引导消费者认识到过度包装不仅增加了产品的成本,还对环境造成了负担。只有当消费者逐渐接受并认同这种简约、环保的设计理念时,包装行业才能实现健康、可持续的发展。

如图5-2-3所示,以洗衣粉包装为例,传统设计往往采用塑料材料,色彩鲜艳、图案复杂。然而,从绿色设计的角度出发,选择纸质材料,通过简洁的线条和色彩设计,展现产品的环保特性。这样的包装设计既便于消费者理解和使用,又能降低生产成本和材料消耗,实现经济效益和环境效益的双赢。

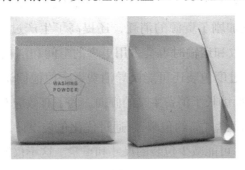

图 5-2-3　洗衣粉包装设计

关于日化用品包装设计的精简之道，其核心并非仅在于外观的简化，更在于一种用户至上的设计理念，力求打造出实用与美观并存的佳作。这种设计理念深受乔布斯思想的启发，乔布斯主张企业和设计师应当成为引领消费者认知产品价值的舵手，而非盲目迎合市场的弄潮儿。

（二）材料使用环保化

在构思日化用品的包装设计时，必须充分考虑到产品的固有物理化学特性及其使用方式，从而精心挑选合适的材质。在坚守绿色设计理念的同时，应积极追求生态友好的材质选择。这一过程中，可以从两个主要方向进行考量：一方面，可以积极采用通过回收再生得到的材料，以实现资源的循环利用；另一方面，应优先选择那些低污染、易于回收的材料，以减少对环境的负担。通过这一系列的努力，不仅能够确保包装的功能性得到充分发挥，更能实现环境可持续性的目标，为构建绿色生态社会贡献力量。

如图 5-2-4 所示，长期以来，洗衣液等日化用品的包装多依赖于聚乙烯材料，其生产成本低、加工简便的特性使得它广受欢迎。然而，这种材料的回收效率并不理想，大量使用后往往形成难以降解的垃圾，对环境造成了长期的负担。此外，传统包装上的油墨制造过程中产生的污染排放问题也不容忽视，其进一步加剧了环境压力。

图 5-2-4　传统的洗衣液包装

为了平衡包装的实用性与环保性，我们迫切需要探索更为环保且性能出色的包装材料。在这方面，生物降解塑料和光降解塑料展现出了巨大的潜力。生物降解塑料能够在微生物的作用下自然分解为水和二氧化碳，不会对环境造成危害；而光降解塑料则能在光照下迅速降解，有效减少垃圾堆积。例如，可口可乐公司的新型材质的饮料瓶，其瓶体原料源自甘蔗，不但降低了生产成本，也产生了很好的环保效果，逐步地被广泛应用到未来的产品包装设计中。这两种材料不仅加工方便，而且能够保持产品的稳定性能，成为绿色包装的理想之选。除了包装材料的选择以外，包装标签的环保性同样不容忽视。传统的聚氯乙烯标签材料在生产和使用过程中可能释放有害物质，不利于环保。因此，设计者应积极推广使用更为环保的标签材料，如纸质标签或生物降解塑料标签。同时，在油墨的选择上，也应遵循环保原则，优先采用水性油墨或环保油墨，以减少生产过程中的污染排放。

（三）模块设计多功能化

在日化用品包装的设计中，模块多功能化的理念是一种既创新又环保的尝试。通过将包装分解成数个独立的模块，每个模块都针对特定的功能进行精心打造，旨在最大化包装的实用性，同时减少不必要的材料消耗和结构冗余，从而实现资源的高效利用。在实施这一设计理念时，首先，单个模块要承载不同的功能，包括但不限于对产品的保护、携带的便捷性、开启的简易性等。通过深入研究和优化，使每个模块在消费者使用过程中都能展现出卓越的性能，充分满足他们的多样化需求。其次，要着眼于包装在使用后的附加价值。积极探索包装在完成其基本功能后，仍能保持其他使用价值的设计策略。

1. 增加包装单个模块在消费使用过程中的功能

在现代工业与消费的大潮中，包装的实用性和效能日益受到关注。强化单个模块在消费使用中的功能，可以减少模块数量，提升模块的承载能力，从而达成减少生产物料和能耗的目标。在具体操作上，可以从以下几个维度入手实施模块化抽象的包装设计。首先，深入分析产品的特性和使用场景，明确包装所需满足的功能需求。其次，将这些功能进行抽象化提炼，形成独立的模块单元。接着，通过优化模块的组合配置，实现包装功能的最优化。最后，对设计出的包装进行实地测试，确保其在实际使用中的效果。这种模块化抽象的包装设计方式在实践中已取得了显著的成效。以韩国设计师的三段式牙膏设计为例（图 5-2-5），该设计通过改良出口结构，使得包装自身兼具开启和封闭的功能。这种设计不仅提升了产品使用的便捷性，减少了用户在使用过程中可能遇到的困扰，同时也有效地减少了因包装问题造成的浪费。这种设计理念的成功应用，为我们提供了一种新颖的包装设计思路。此外，设计师对传统牙膏的圆形出口设计进行了革新，采用了拉链式封口的创新设计，避免了消费者使用过程的浪费现象（图 5-2-6）。

图 5-2-5　三段式牙膏

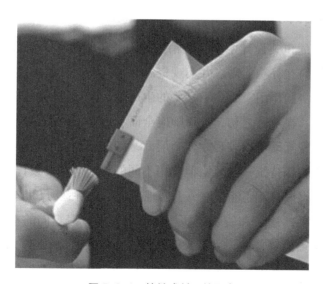

图 5-2-6　拉链式封口的牙膏

2. 增加包装的附加功能

当消费者完成日化用品的初次使用后，若其包装无法进一步再利用，往往会被丢弃，进而进入回收或废弃的流程。在这个循环中，如果回收机制尚不完善且效率欠佳，包装的再利用就显得格外关键。设计师在设计日化用品包装时，不仅应着眼于其外在的美观与初次使用时的便捷性，更应深入探究包装在消费者使用后的潜在价值。

为此，设计师可以发挥创意，通过精心的构思与设计，强化包装的模块或整体功能，使其在完成初次使命后，仍能在消费者的日常生活中焕发新的生机。这样的设计不仅延长了包装的使用寿命，提高了其利用率，更有助于减轻对环境的负担。与此同时，该设计也便于消费者自身挖掘其使用价值。他们可以主动挖掘包装的剩余价值，将其巧妙地运用在生活中的各个角落，实现资源的合理利用。这种再利用的行为不仅体现了对环境的保护意识，更展现了对资源的尊重与珍视。因此，设计师在设计日化用品包装时，应更加注重凸显其再利用的功能与价值。通过巧妙的设计，激发消费者的再利用意愿，引导他们更加积极地参与到环保行动中来。这样，不仅能够减少废弃物的产生，还能让人们的生活更加绿色、更加美好。

（四）包装形式呼应化

在日化用品的包装设计中，独立销售的包装单元除了美观性和功能性以外，更应深入探索如何互补功能需求并实现资源的高效利用。这种设计理念旨在通过优化包装单元的协同作用，减少不必要的生产量，降低资源消耗，同时延长产品的整体使用寿命。在设计之初，设计师应全面考虑系列产品包装如何形成有机的互动与融合。这种互动可以表现在多个层面，如使用相似的色彩搭配但采用不同的包装结构，或者保持统一的风格但选用不同的材质。这种设计策略不仅有助于提升产品的整体辨识度，还能在细节上展现品牌的独特魅力和匠心独运。

以洗衣液为例，瓶装和袋装产品虽然形态各异，但它们的本质和功能相同，如图5-2-7所示。消费者在购买时，可以将袋装洗衣液倒入已有的瓶中，这样既实现了瓶身包装的循环使用，延长了其生命周期，又有效节约了资源，减少了浪费。这种设计思路不仅体现了对消费者的细心关怀，也符合环保和可持续发展的理念。此外，设计师还可以尝试将不同的产品形式进行融合，以实现功能的互补和资源的最大化利用。例如，将洗衣球与袋装洗衣液结合使用，既能减少洗衣液的用量，又能通过洗衣球的特殊功能提高洗涤效果。这种设计不仅减少了资源的消耗，还降低了废弃物的产生，进一步凸显了日化用品包装设计在可持续发展方面的重要作用。

图 5-2-7　洗衣液的袋包装和瓶包装

（五）包装价值的服务化

在当今社会，随着环保与可持续发展的呼声日益高涨，绿色低碳服务设计在包装领域的应用显得尤为重要。服务设计，作为一种创新性的设计理念，旨在通过优化产品与服务的关系，来降低包装对环境的影响，进而推动产品更好地满足消费者的精神需求，促进绿色低碳生活方式的形成。

在包装行业中，服务设计的核心理念在于将包装的价值从传统的物理形态转变为服务形式。这意味着，设计者不再仅仅聚焦于包装的物理特性和功能性，而是更加关注包装在整个产品生命周期中对环境的影响及其所承载的价值。通过服务设计，能够减轻包装对生态环境的负担，引领包装行业朝着更为绿色、低碳的方向发展。

绿色低碳服务设计强调回归问题解决的本质，注重包装的环境影响与价值的权衡。它要求在设计过程中充分考虑包装材料的环保性、可回收性和再利用性，寻求更为环保的包装方案。同时，还需关注包装在使用过程中对消费者的影响，并通过服务设计优化消费者的使用体验，增强消费者的忠诚度。

如图 5-2-8 所示，以化妆品包装为例，引入一种空包装回收再利用的服务模式。该模式鼓励消费者将使用过的化妆品空包装进行回收，当积累到一定数量时，便可换取新产品或享受优惠。通过这种方式，商家可以有效回收并再利用这些空包装，减少资源浪费和环境污染。同时，这种服务模式也有助于培养消费者良好的处理习惯，提升他们的环保意识。此外，空包装回收再利用服务模式还为商家带来了诸多益处。首先，通过回收再利用空包装，商家能够降低生产成本，提高资源利用效率。其次，这种服务模式有助于增强消费者的忠诚度和黏性，提升品牌声誉和市场竞争力。最后，实施这一方案还能够彰显企业的环保和社会责任感，提升企业的社会形象。因此，绿色低碳服务设计在包装领域的应用具有广阔的发展前景和深远的意义。通过该设计方案，不仅能够推动包装行业向绿色、低碳方向发展，为构建可持续发展的社会做出积极贡献，还能够不断探索和创新，寻求更加环保、高效的包装方案，以满足消费者日益增长的需求和期望。

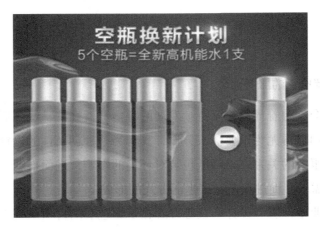

图 5-2-8　化妆品的绿色服务设计

二、日常生活用品包装设计

（一）餐具包装设计

1.餐具包装设计的现状

（1）无标准的包装设计风格样式

市场上的餐具包装普遍缺乏独特性和风格化设计。由于包装缺乏个性和特色，产品难以展现其独特的魅力和优势，消费者很难从包装中窥见产品的内涵和价值。

因此，消费者往往只能依赖价格或其他有限的信息来做出购买决策，这无疑增加了他们选择的难度。

（2）包装形式和材质的单一性

许多包装在形式和材质方面均未能深入挖掘和体现出产品的特性，导致它们缺乏创新，千篇一律。这种缺乏差异化的包装形式难以形成产品的独特形象，甚至可能让消费者产生审美疲劳，进而导致购买意愿降低。

（3）产品自身特点缺乏

产品本身的特点不足也是导致包装简陋的一个重要原因。一些餐具在设计和材质上缺乏吸引力和亮点，导致包装难以发挥其应有的作用。在这种情况下，包装往往只能满足基本的包裹和保护功能，而无法为产品增添额外的价值。

（4）逐步重视餐具包装

随着市场竞争的加剧和消费者对餐具包装要求的提升，一些企业开始意识到包装设计的重要性，并努力进行改进和创新。他们开始注重整体化、系列化、创新化的包装设计，深入挖掘产品特性和市场需求，设计出更符合消费者审美和购买需求的包装。同时，他们也更加注重产品材质的选择和搭配，力求通过包装来凸显产品的品质和特点。展望未来，随着环保理念的普及和消费者对简约生活方式的追求，简洁而环保的包装形式有望成为餐具包装的主流趋势。这种包装形式不仅符合现代人的审美需求，还能有效降低生产成本和环境污染，实现可持续发展。类似这种简洁设计理念的礼盒包装（图5-2-9）最终将成为餐具包装未来主要的应用形式。

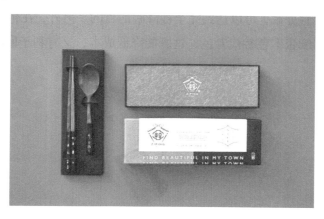

图 5-2-9　梓平社区漆艺餐具礼盒包装设计

2. 餐具包装减量化设计

（1）简化包装设计语言

当今时代，信息如潮水般涌来，繁杂的图案、冗长的文字以及多样的色彩令人目不暇接。在这样的背景下，若餐具包装的设计过于复杂，极可能导致消费者产生视觉疲劳，甚至忽略包装上的关键信息。因此，精炼设计元素显得尤为关键。这并非意味着要将包装做得单调枯燥，而是要精准提炼核心信息，通过简洁的图案、色彩、工艺和材料来呈现。这样的设计能够减轻消费者的认知负担，使他们更快地捕捉到产品的核心特点，从而加速购买决策的过程。

（2）精简包装结构

包装不仅是产品的外在展现，更是产品价值的延伸。因此，在设计餐具包装时，既要考虑其审美价值，也要注重其实用性。这意味着我们需要从专业的角度出发，对包装材料、结构进行科学分析，剔除冗余部分，使包装更加简洁、实用。这样的设计不仅有助于降低生产成本，还能使包装更符合简约设计的理念，从而在环保和经济效益上实现双赢。

（3）包装的循环再利用

在追求可持续发展的今天，如何使包装在使用后能够得到有效回收和再利用，已成为一个亟待解决的问题。首先，我们可以考虑采用耐水性的复合材料来制作包装，即使包装在使用过程中被水浸湿，也不会影响其再利用价值。其次，选择可降解、可回收的材料制作包装也是一个可行的方案，这不仅能降低回收成本，还能减少对环境的影响。如图 5-2-10 所示，始祖鸟和大白熊联名设计的钛盘餐具其包装材质为甘蔗浆，可以达到完全被降解的目的。另外，在包装设计过程中，还可以尽量使用纸张本色替代专色，这既能降低成本，又有利于回收再利用。

图 5-2-10　始祖鸟和大白熊联名设计的钛盘餐具限量礼盒

（二）文具包装设计

文具包装，作为商品在市场上的一个重要视觉标识，历来在吸引消费者方面扮演着举足轻重的角色。其别出心裁的外观设计、和谐的色彩搭配以及精准的信息传达，总能在第一时间吸引消费者的目光，进而激发他们的购买热情。但随着时代的发展，绿色低碳理念不能被忽视，文具包装的设计更应紧跟时代的步伐，贯彻环保、节能、减排的核心思想。如今，行业领先的文具包装已不再是单纯的外在装饰，它更是一个符合可持续发展要求的绿色产品。从设计之初，便需考虑资源的合理利用与环境保护，以符合"节能减排"的标准。这样的包装，在商品销售中发挥其作用的同时，也能够在生命周期结束后顺利进入资源回收体系，实现资源的有效利用。

文具包装的循环利用应贯穿于其全生命周期。从原材料的选取、加工制造到产品使用，再到废弃物的回收处理，每一环节都需体现环保与节能的理念。在材料选择上，应优先采用可循环再用的原材料，减少环境负担。在制造过程中，应选用高效低耗的新材料，提高生产效率，降低能源消耗。同时，包装设计应兼顾消费者使用的便捷性和后续回收的便利性。在废弃物回收阶段，更需注重深加工与再设计，使废弃物能够再次进入生产循环，减少资源浪费。当然，这一切的实现都离不开设计者的匠心独运和消费者的积极响应。设计者需深入理解环保理念，将其融入设计的每一个细节，使文具包装在美观的同时，兼具环保功能。而便于回收利用的包装设计也使得消费者提升了环保意识，积极支持环保产品，共同推动文具包装的绿色化进程。

1. 文具包装适度设计

文具包装的适度设计，实际上是一个平衡艺术与实用的过程。目标是在确保文具得到妥善保护、展示和便携的同时，充分考虑到环保与资源节约的原则。这一设计思路不仅是对传统包装方式的革新，更是对可持续发展理念的生动体现。在追求适度设计方面，首先要对文具的尺寸、形状和重量进行细致的研究。通过精准计算，确定包装的最佳尺寸，既能确保文具安全无虞，又避免了不必要的空间浪费。同时，也对包装材料进行了严格筛选，力求在保证包装强度的基础上，选择更为轻便、耐用的材料。这样的选择不仅降低了生产成本，减少了能源消耗，还使运输过程变得更为便捷。此外，在视觉设计方面，同样应遵循适度原则，运用简洁的图案、精炼的文字、和谐的色彩搭配，使包装呈现出一种简约而不失大气的美感。这样的设计既突出了文具的特色，又避免了视觉上的烦琐和浪费。此外，还充分考虑了包装的实用性和便利性，确保消费者在使用过程中能够轻松操作，提升了整体的使用体验。

通过这些精心的设计措施，设计者成功地实现了文具包装的适度设计。这种设计不仅有效降低了资源消耗和环境污染，还提升了产品的附加值和市场竞争力。同时，它也向消费者传递了一种绿色、环保的生活理念，引导人们更加关注环境保护和资源利用问题，共同推动社会的可持续发展。如图 5-2-11 所示，这是一种设计精良的文具包装方案，设计者巧妙减少了材料的运用。这款包装不仅起到了包装盒的作用，更能摇身一变，成为实用的文具盒，真正实现了环保理念的落地。

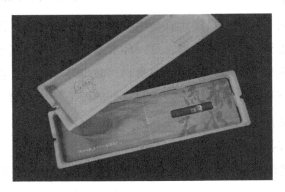

图 5-2-11 环保文具设计 1

过去，文具包装设计往往追求华丽与繁复，试图通过纷繁复杂的图案和装饰来吸引消费者的目光。然而，这种设计风格的弊端逐渐显现。高昂的制作成本不仅增加了企业的经济压力，还导致产品价格攀升，影响了消费者的购买意愿。同时，繁复的包装往往伴随着更多的材料消耗，不利于环保。因此，摒弃繁复的装饰，追求简洁而经典的设计，已成为文具包装设计的新风尚。

简洁经典的设计风格并非意味着单调乏味。相反，它倡导以简洁的线条和色彩凸显文具的内在品质与美感。这种设计风格不仅降低了制作成本，使包装更易于回收和处理，符合环保理念，同时简洁的设计也更容易让消费者识别和铭记，有助于提升品牌的知名度和形象。此外，单色印刷在文具包装设计中的应用也日趋广泛。单色印刷不仅制作成本较低，还能减少印刷过程中的能源消耗和废弃物产生。其视觉效果简洁大方，能凸显文具的质感和品味。因此，越来越多的文具品牌选择单色印刷作为包装设计的主要方式。随着科技的进步和消费者需求的不断演变，文具包装设计也将不断创新与发展。未来会有更多既符合环保理念又具有创新精神的文具包装设计作品问世，为我们的生活增添更多美好与惊喜。

2. 包装材料的环保化

在文具包装设计领域，环保材料的运用已经逐渐崭露头角，成为行业发展的必然趋势。这种趋势不仅是对传统包装方式的革新，更是对地球环境保护的积极响应。环保材料的运用首先体现在资源节约方面。传统的文具包装多依赖人工合成材料，这些材料不仅在生产过程中耗费大量能源，而且使用后难以降解，给环境带来了巨大压力。相比之下，环保材料大多源自可再生资源，其生产过程更加绿色，使用后也更易回归自然循环，从而大幅减少了对地球资源的消耗。

在文具包装设计中，天然材料的运用也是一个重要方向。天然材料如竹、木、纸等，不仅来源广泛、可再生，而且其独特的质感和纹理也为设计师提供了无尽的创意空间。通过巧妙的设计，这些天然材料能够展现出独特的艺术魅力，使文具包装更具观赏性和收藏价值。同时，新技术的运用也为环保包装设计提供了有力支持。例如，生物降解技术、智能包装技术等的应用，不仅提高了包装的环保性能，还赋予了包装更多的功能性和便利性。这些新技术的引入不仅推动了包装设计的创新，也为环保材料的运用提供了更多的可能性，推动了整个行业的可持续发展。如图 5-2-12 所示，这一品牌的包装设计取自自然、回归自然的天然材料，让产品更加贴近自然。减少工业操作环节，不使用胶水的一纸成型结构以及二次利用的功能，让产品更加环保。搭配年轮的纹样，让产品更加符合环保主题，让人感受到大自然的魅力。

图 5-2-12 环保文具设计 2

（三）电子产品包装设计

电子产品包装在运输与储存环节中承载着至关重要的作用，其根本任务在于为电子产品筑起一道坚固的防线，确保在各种恶劣环境条件和物理冲击面前，产品都能安然无恙。无论是长途跋涉中的颠簸与震动，还是仓储过程中的温度起伏、湿度变化，甚至是突如其来的跌落与碰撞，包装都需时刻守护其中的电子产品。然而，目前市场上的电子产品包装仍有许多不尽如人意之处。不难观察到，很多包装在选材上存在明显缺陷，使得包装在保护产品的同时，也在无形中增加了环境负担。此外，一些包装的结构设计也显得不够科学，既未能有效抵挡外部冲击，又使得包装体积和重量不必要地增加，从而推高了运输成本。更为严重的是，有些包装在生产过程中忽视了环保原则，采用了不环保的材料和工艺，加剧了资源浪费与环境污染。针对上述问题，设计师和相关企业采取了积极的措施。他们从包装的整个生命周期出发，全面审视并改进包装的设计和生产流程。具体来说，他们坚持包装减量化理念，尽可能减少包装材料的使用量和包装的体积，降低包装对环境的影响。同时，强调绿色生态设计，优先选择可再生、可降解的环保材料，采用环保的生产工艺，确保包装在其生命周期内对环境的影响最小化。

关于环保理念的贯彻，从宏碁"蜂鸟·未来 环保版"整个包装就已经开始了——它的产品包装采用的是100%可回收材质，具体到每个部分，如最外层的纸箱用了85%再生纸，打开盖子后，固定笔记本电脑的两侧纸浆模塑保护垫用的是100%再生纸。此外，说明书的包装袋、保修说明以及附送的环保贴纸也分别用的是85%、40%和85%的再生纸（图5-2-13）。

图5-2-13　Acer宏碁"蜂鸟·未来 环保版"包装设计

电子产品包装的生态化设计，在现今的包装领域中，已远远超越了单纯的美观与产品保护功能，它承载了更深层次的可持续发展理念与转型升级的重任。这一设计理念的提出与实施，不仅是包装行业迈向绿色、环保的必由之路，更是推动企业创新、提升技术能力的催化剂。对于企业而言，采用生态化设计不仅能提升品牌形象，更能激发包装研发人员的创新热情。在这一理念的引领下，他们不断探索新的包装材料、工艺和技术，力求在满足产品保护需求的同时，最大限度地减少对环境的负担。这一创新过程无疑将推动整个包装行业的技术进步，为市场带来更多具有创新性的包装产品。此外，随着我国包装产业的国际化步伐不断加快，生态设计也成为企业突破国际绿色贸易壁垒的关键。在国际市场上，越来越多的国家和地区开始重视产品的环保性能，对包装材料、工艺等都有着严格的要求。只有那些符合环保标准、具有创新设计的包装产品，才能在激烈的国际竞争中占得先机。因此，生态设计不仅有助于提升我国包装产品在国际市场上的竞争力，还能推动经济全球化的进程，促进国际贸易的繁荣。

第三节　运输包装设计

一、运输包装的特征

（一）空间上考虑运输因素的合理性

现代产品包装设计已摒弃了仅仅追求视觉吸引力的观念，转而向形式、功能与结构的创新领域迈进。这一转变深刻反映了消费者对产品全方位体验的追求升级，以及市场对高效与实用性的日益看重。包装的首要功能无疑是确保产品在销售和运输过程中的安全与完整。因此，在设计过程中，必须细致入微地考虑其在各个实际操作环节中的便捷性，包括储存、搬运、堆叠和运输等。一个出类拔萃的包装设计，除了能吸引消费者的眼球以外，更要在实际操作中展现出其无可挑剔的性能。在现代产品包装设计中，物流优化占据着举足轻重的地位。通过有效利用货物运输空间，不仅能够降低运输成本，更能提升整体运输效率。因此，设计师需在包装结构上巧下功夫，通过合理的结构设计，实现产品安全与运输空间利用的最大化。此外，选择适宜的包装材料同样是实现物流优化的关键所在。不同的产品对包装材料的需求各异，设计师需根据产品特性，精心挑选既经济又实用的包装材料。面对不规则造型的产品，如礼品类，其包装设计更具挑战性。由于这些产品形状特殊，难以在运输和储存中实现规则的排列组合。因此，设计师需通过巧妙改变内包装设计的形态，创造出既美观又实用的包装方案。通过精心设计，可以使这些不规则产品进行规则的罗列，也能方便地装箱，从而节省储存和运输空间，提高整体物流效率。

奈斯朋（Nicepond）设计公司以其独特的设计思维与创新能力，在包装设计界掀起了新的风潮。该公司为莱克兰（Lakeland）量身打造的不锈钢锅具包装，以别开生面的方式展现了包装设计的魅力与实用性，令人耳目一新。这款包装采用了别出心裁的三角形设计，这一别致的造型不仅赋予了产品强烈的视觉冲击力，更在实际应用中凸显了其卓越的实用性。这种三角形包装盒显著提高了产品包装的空间使用效率。相较于传统的长方体包装设计，三角形设计更加紧凑，能够更有效地利用空间，从而避免了空间的浪费。另外，在仓库或运输车辆中，三角形包装（图5-3-1）能够灵活摆放和堆叠，减少了因形状不规则而造成的空间浪费。同时，这种设计也有效避免了在运输过程中因包装间的碰撞和摩擦导致的损坏，进一步确保了产品的安全。除了不锈钢锅具包装以外，在可持续性鞋子包装（图5-3-2）设计方面，Lakeland的设计师也展现了其卓越的设计才能。这款包装采用圆角设计，成功避免了因挤压造成的破损，延长了包装的使用寿命。同时，这种设计也充分考虑了空间的高效利用，使得运输和储存过程变得更加便捷高效。鉴于此，在现代物流运输包装设计中，空间的高效利用已成为设计师关注的焦点。

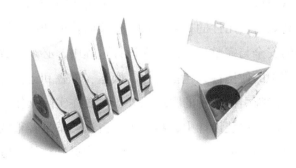

图5-3-1　不锈钢锅具包装

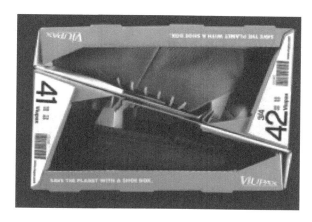

图 5-3-2 鞋盒设计

（二）结构上的合理性

现代运输包装的结构深化设计在商品的安全运输过程中占据着举足轻重的地位。无论是长途跋涉的货运，还是短距离的配送，包装始终作为商品的第一道防线，保护着它们免受损坏。特别是针对那些易碎、易变形的特殊产品，对包装结构进行深化设计的重要性更是不言而喻。包装设计师必须仔细审视每一个细节，确保这些特殊产品能够平安抵达目的地。他们通过精心布局产品的排列组合，减少在运输过程中的相互碰撞与摩擦，从而显著降低产品损坏的风险。同时，巧妙地设置填充物，可以有效地固定产品，防止其在运输途中发生移位或变形。

以玻璃陶瓷制品为例，由于其材质的特殊性，这类产品在运输过程中极易破碎或产生划痕。因此，在包装设计上，常采用气泡纸、气泡袋等缓冲材料来包裹产品，以减轻外界冲击对产品的影响。这种设计不仅有效保护了产品，还为包装增添了一份独特的美感。

除了玻璃陶瓷制品以外，还有一些典型的易损商品同样需要在包装设计上给予特别的关注。比如，水果和鸡蛋等食品类商品，由于它们易腐烂、易破损的特性，对包装的要求尤为严格。在设计包装时，需综合考虑产品的保鲜性、防震性以及易观察性等多方面因素。以某公司设计的番茄包装为例（图 5-3-3），这款包装采用了独特的镂空叠加瓦楞纸箱结构，既便于运输过程中的堆放和搬运，又便于随时观察番茄的状态。这款包装在合理性和亲民性上也做得相当出色，既有效控制了包装成本，又更容易被广大消费者所接受。

图 5-3-3　番茄包装设计

鸡蛋作为餐桌上的常见食材，其包装结构设计的重要性日益凸显。这关乎产品的完整性与新鲜度，直接影响消费者的购买体验。特别是在运输环节，安全更是至关重要。两位外国设计师的作品（图 5-3-4）让人耳目一新。他们不仅关注运输安全，更通过巧妙的工学原理和结构创新，使包装既美观又实用。这种包装结构采用了折叠与开槽的巧妙组合，不仅有效地保护了鸡蛋，还方便消费者携带与存放。此外，包装采用瓦楞纸材质，利用其防震特性，并增设内部缓冲层，显著降低了运输过程中鸡蛋的破损率。

图 5-3-4　鸡蛋包装设计

（三）技术材料方面的合理性

在现代物流运输行业蓬勃发展之际，包装技术的要求也日趋严格和精细化。产品在运输过程中需经受震动、冲击、温度变化等多重考验，因此，包装必须展现出卓越的缓冲防护性能，确保货物安全无损地抵达目的地。尤其是对于生鲜食品等易腐产品来说，保鲜与保温功能更成为包装不可或缺的一环，以维持产品的新鲜度和口感。为满足这些需求，现代包装设计正逐步转向智能化，其中人工智能技术的应用成为关键。通过集成智能传感器、电子标签等前沿技术，包装能够实时监控和追踪产品状态，为消费者带来更为便捷、透明的购物体验。以某品牌推出的"17.5°橙"（图 5-3-5）为例，消费者只需扫描包装上的二维码和电子标签，即可轻松获取产品的详细信息，如生产日期、保质期、产地及成分等。这样的设计不仅简化了购物流程，还增强了消费者对产品的信任度。

　　然而，在追求包装功能性与智能化的同时，还应关注包装材料的环保性和可持续性。新兴技术的不断涌现为包装创新提供了无限可能。例如，可食性糯米纸的应用不仅解决了传统塑料包装的环保问题，还为消费者带来了新颖独特的消费体验。此外，铝制材料因其轻便、可回收的特性，在包装设计中被广泛采用，为包装行业注入了新的活力。随着消费者环保意识的增强，他们对商品的环保性能也越来越关注。因此，设计师需要在保证包装功能性的基础上，尽可能采用环保材料和工艺，降低包装对环境的负面影响。总之，现代包装设计正经历着不断的创新和发展，以应对日益复杂多变的市场需求。通过运用先进的科技手段，提升包装的功能性和智能化水平，并兼顾环保与可持续性，只有这样才能够为消费者创造更加优质、便捷的购物体验，进而推动物流运输行业的持续发展。这不仅是对消费者负责的表现，也体现了企业对社会责任的践行。

图 5-3-5　"17.5°橙"包装设计

二、运输包装材料与胶带的减量化设计

（一）网购运输包装材料减量化设计

1. 网购运输包装材料的选择

在现代社会的网购浪潮中，各种包装材料和样式让人眼花缭乱，下面将对网购包装的材料种类及其特性进行分析和介绍。

在众多包装材料中，瓦楞纸箱以其显著的优势成为网购包装中的佼佼者。这种纸箱主要由瓦楞纸构成，具有极强的可回收性，可轻松实现再生利用，从而大大降低了对环境的负担。此外，瓦楞纸箱的轻便性也使其成为网购包装的理想之选。更值得一提的是，其出色的加工性能使得纸箱能够根据商品的不同需求灵活调整厚度，满足个性化的包装要求。

除了瓦楞纸箱以外，蜂窝纸板箱同样值得关注。这种包装材料采用先进的蜂窝结构设计，通过几何力学原理强化了纸板的韧性与弹性，确保了包装的坚固与耐用。与此同时，其轻便的特性也符合环保包装的要求，使其在网购包装中占据了一席之地。当然，网购包装材料的种类远不止于此。例如，缠绕薄膜包装虽然具有一定的保护效果，但其不易自然分解的特性使其在环保方面显得力不从心。同时，相较于其他包装材料，缠绕薄膜包装的成本也偏高，因此在网购包装中并非首选。

值得一提的是，随着科技的进步和环保理念的深入人心，这些包装材料也在不断创新和完善。例如，瓦楞纸箱的外观和性能都得到了显著提升，不仅色彩更加丰富多样，还能根据客户需求进行个性化定制。同时，其可折叠的特性也使得存储和运输更加便捷高效。瓦楞纸箱主要分为三种：①三层瓦楞纸箱。三层瓦楞纸箱又称单瓦楞纸箱，其纸板结构是由一张瓦楞芯纸两面各粘一张面纸组合而成，主要用于包装重量较轻的内包装物。常用楞型有 A、B、C、E 瓦楞，其中 E 瓦又称微瓦楞纸箱，主要用于小家电等产品的包装，B 瓦常用于食品行业等的包装。②五层瓦楞纸箱。五层瓦楞纸箱又称双瓦楞纸箱，五层瓦楞纸箱的纸板结构是由面纸、里纸、芯纸和两张瓦楞芯纸黏合而成，楞型的组合通常采用 AB 型、AC 型、BC 型或 BE 型等，主要用于单件包装重量较轻且易破碎的内装物的包装。③七层瓦楞纸箱。七层瓦楞纸箱又称三瓦纸箱，主要用于重型商品的包装，如摩托车等；其瓦楞纸箱的纸板组成为面纸、瓦楞芯纸、芯纸、瓦楞芯纸、芯纸、瓦楞芯纸和里纸。瓦楞的楞型组合通常采用 BAC 型。

在包装领域，瓦楞材质凭借其独特的优势，已经成为一种备受青睐的材料。这种材质之所以能够脱颖而出，主要得益于其可多层叠加的特性以及中间层所展现出的出色弹性。这种结构特性使得瓦楞材质在包装运输过程中能够有效地减少损坏，确保商品的安全送达。此外，在当前的环保大潮中，瓦楞纸作为快递包装而言，还可以通过多种方式进行回收再利用，如将其转化为其他生活用品或进行手工创作。这不仅能减少资源的浪费，还能有效减轻给环境带来的污染。瓦楞纸包装设计正是基于这样的理念，将包装回收的建议巧妙地融入网购包装中。希望能够通过这种方式，让更多的人意识到包装回收的重要性，并积极参与到环保行动中来。这样的设计理念不仅体现了对环保事业的关注和支持，也彰显了可持续发展的理念在包装设计中的具体应用。

2. 网购包装的减量化规范

在当今数字化的浪潮中，网络购物已经深深地融入人们的日常生活。然而，随着网购的日益普及，如何巧妙地设计网购包装已成为业界面临的一大挑战。首先，对于大众化的商品，包装的尺寸设计显得尤为重要。在设计包装时，必须首先考虑的是商品的尺寸与重量。具体来说，包装箱的尺寸应尽可能贴近商品的实际大小，既不显得过于庞大也不显得过于紧凑。过大的包装箱易导致运输空间的浪费，增加运输成本；而过小的包装箱则可能无法完全容纳商品，带来包装破损或商品受损的风险。因此，为确保包装箱在运输中能够抵御外界环境的冲击，建议包装箱的尺寸比商品实际尺寸稍大 2—4cm，以为商品提供足够的缓冲空间。除了包装箱的尺寸以外，包装箱材料的选择也是设计过程中的重要一环。对于硬质的或重量较大的商品，如玻璃制品、金属制品等，商家需在包装箱外部进行加强处理。这可以通过增加包装层的厚度、采用更为坚固的包装材料或增设额外的支撑结构来实现。这样的加强措施可有效降低包装在运输过程中破损的风险，确保商品的完整性。

（二）网购运输胶带减量化设计

1. 胶带的材料的选择

胶带，这一包装行业的常客，主要由双向拉伸聚丙烯薄膜（BOPP）、PE、PVC 等材料构成。其中，BOPP 胶带以其出色的拉伸性和耐撕裂性在市场中占据了主导地位。其强大的拉伸性能确保了胶带在封闭包装时的卓越表现，有效保障包装物的完整性和安全性。对于多数日常包装需求而言，胶带无疑是一个理想的选择。其强大的黏合力使得胶带能够牢固地黏附在各种包装材料上，无须额外多层黏合，既降低了成本，又提升了包装效率。当然，对于质量较大或质地较硬的物品而言，如书籍、电器等，可能需要借助更结实的包装带进行固定，但这并不影响胶带在包装中的核心地位。在此，我们需要澄清一些关于胶带使用的误区。许多人认为，包装纸面越光滑，胶带的黏合效果越好。然而，事实上，情况恰恰相反。粗糙的纸面为胶带提供了更大的接触面积，使得胶带能够更紧密地附着在包装上。此外，也有人倾向于在封口时使用多层胶带，认为这样可以增强封口的牢固性。但这是一个误解。胶带的黏合力并不与黏合的时间或胶带层数成正比。相反，过度使用多层胶带可能导致包装表面不平整，影响美观，同时增加不必要的成本。总体来说，胶带在包装中的应用广泛且关键。其独特的性能满足了包装在封闭性、美观性和实用性等多方面的需求。然而，正确、合理地使用胶带，避免常见的误区，是充分发挥其优势、实现最佳包装效果的关键。

2. 胶带的减量化规范

随着数字化浪潮来袭，网络购物已深入人们的日常生活。而在这场网购热潮中，产品的包装特别是胶带的使用长度与包装材质的完好程度，逐渐受到人们的关注。经过一系列的实践观察和数据分析发现，当胶带的余留长度为 4cm 时，其封口效果达到最佳状态。这一发现并非偶然，而是建立在科学的逻辑推理之上。胶带的长度并非越长越好，而是要根据纸箱的实际尺寸和封口需求进行精准选择。实际上，纸箱的大小与胶带预留长度之间并无直接联系，关键在于胶带能否紧密贴合纸箱的封口，确保在运输过程中不易脱落。这里需要澄清一个普遍的误区：封口胶带的长度与包装材质的破损程度并无直接联系。许多人可能认为，增加胶带的长度可以增强包装的稳固性，从而减少包装材质的破损。然而，事实上，胶带的封口使用长度并不能够直接降低网购包装材质的破损率。这是因为，包装破损的主要原因在于运输过程中的摔撞和挤压，而非胶带的长度。因此，要想减少包装材质的破损，关键在于提升包装的抗摔撞能力，而非单纯地增加胶带的长度。

随着网购的盛行，一系列问题也悄然浮现，其中，胶带在包装使用中的不易撕问题尤为突出。尽管这个问题看似微不足道，但却给消费者带来了不小的烦恼。为了解决这一难题，可以巧妙地进行一点改动。在包装的两侧，特意预留了适当长度的封口胶带（图 5-3-6），并对胶带的末端进行了巧妙的对折设计。这一细微的调整极大地增强了包装的易用性。用户无须再借助剪刀或刀具，只需轻轻一拉，即可轻松打开包装。这种设计不仅巧妙地解决了胶带"易粘难揭"的困扰，更在无形中提升了网购包装的使用体验。这种便捷与舒适的使用体验，无疑会进一步增强消费者对网购的信赖度与满意度。

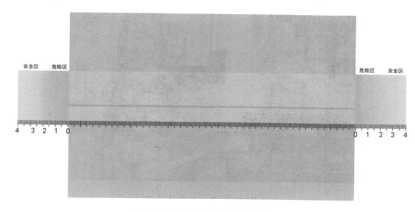

图 5-3-6　胶带的长度规范

（三）综合包装解决方案的实验探索：胶带应用与箱体性能测试

在胶带封口长度的设计上，核心考量在于包装内物品的重量和箱子的实际尺寸。这两大因素在决定胶带封口长度的过程中起着举足轻重的作用。包装的重量决定了胶带所需承受的力度，而箱子的尺寸则影响着胶带需要覆盖的表面积。通过精心的测量与计算，设计师能够确保胶带的封口长度既不会过于冗长造成材料浪费，也不会过短而导致封口不牢固。

在当今网购盛行的时代，包装流程的重要性日益凸显。从取件、存储到分拣、配送，每一个环节都关乎商品的完好无损和顾客的满意度。其中，分拣环节由于涉及大量的物品转移与分类，因此成为最容易造成产品损坏的一环。为了应对这一挑战，分拣方式在科技的推动下逐渐实现了自动化与机械化。目前，分拣系统主要分为人工、半自动（图 5-3-7）和全自动（图 5-3-8）三种类型。人工分拣虽具备灵活性，但效率相对较低；半自动分拣在一定程度上提升了效率，减轻了人工操作的负担；而全自动分拣则是当前最为先进的分拣方式，实现了对快递包裹的高效、准确分拣，能够在极短的时间内完成一个快递的分拣任务，甚至能在短短两秒内完成一个快递的分拣，极大地提升了整个物流的效率。分拣部门的员工的主要任务是调整快递的条形码，确保系统能够精准识别并分拣每一个包裹。

图 5-3-7　半自动分拣

图 5-3-8　全自动分拣

　　在模拟真实快递运输情景的实验中，特别关注包装箱在人工分拣过程中的表现。由于快递包裹在运输途中往往需要经历多次的人工搬运和分拣，因此包装箱的抗压能力和稳定性至关重要。为了确保精准度，共计设定了九次实验。这一选择旨在充分模拟快递在运输过程中可能遭遇的多次装卸情景，进而更全面地测试包装箱的性能。对于实验所用的包装箱，设定了承受 10kg 重量的标准。这一标准的设定基于实际数据的深入分析，确保包装箱在承受一定负荷时仍能维持良好的稳固性和安全性。当遇到超重包裹时，采取了使用包装带进行固定的措施，以防止在运输过程中发生晃动或破损。在模拟快递货车最大高度的基础上，选择了

2.7m 作为实验的高度设定。这一设定旨在测试包装箱在面临较大高度落差时的抗压性能，以更贴近真实运输环境。在实验方法上，采用了曲线抛出的方式。

三、运输包装结构的优化设计

下面有机果蔬产品运输包装设计为例，简述其包装结构的优化性能。

当前市场上的有机果蔬产品以其独特的定位和高品质特性，逐渐赢得广大消费者的青睐。有机果蔬产品的核心追求在于产品的安全性、健康性与营养价值的完美融合。在种植过程中，有机果蔬产品坚决摒弃化学肥料与农药的使用，转而选择回归自然、遵循自然生长规律的种植方式。为了保障产品的安全与健康，有机果蔬产品种植采用物理和生物方法，致力于土壤的培肥和病虫害的防治。这些方法不仅环保、无污染，而且更符合自然法则，从而确保了产品的纯净与真实。在这样的农业生产体系下，有机果蔬产品的品质得到了严格的把控，每一种果蔬产品都充满了大自然的生命力与活力。相较于传统农产品，有机果蔬的营养更丰富，口感也更鲜美。这得益于其种植过程完全遵循自然的生长周期，让果蔬在最佳状态下成熟，从而保留了最原始、最纯净的营养成分。

（一）运输包装的外部结构设计

在现代农产品供应链体系中，有机果蔬的运输包装结构设计堪称关键的一环。它不仅深刻影响着产品的保鲜效果，还与整体运输效率及成本息息相关。不同种类的有机果蔬在运输过程中的需求千差万别。有的果蔬对湿度极为敏感，而有的则对碰撞的抵抗力较弱。因此，运输包装结构设计必须针对这些特性进行细致入微的调整。比如，作为一种既易碎又需要适当通风条件的果蔬，番茄的包装设计要求极为严格。设计师巧妙地运用了承重能力卓越的三角柱结构作为堆码承重基础（图 5-3-9），这种结构不仅能够有效应对运输过程中的各种压力，还能有效防止因车辆颠簸、摇晃导致的纸箱倒塌。同时，纸箱单层高度的设计也经过精心计算，略高于番茄自身高度，既保证了番茄在运输过程中的稳定性，又为其提供了充足的通风空间，确保其在运输过程中能够保持随时透气。此外，一纸成型包装结构（图 5-3-10）在有机果蔬运输中具有明显的优势。这种包装结构不仅具备出色的堆码抗压能力，能够抵御运输途中的各种外力冲击，还能有效节约制作材料，降低生产成本。同时，该设计简化了生产流程，提高了生产效率，使有机果蔬产品能够更快地进入市场，满足消费者的需求。

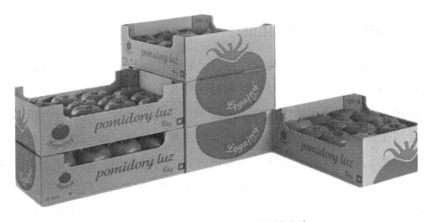

图 5-3-9　番茄的运输包装结构设计

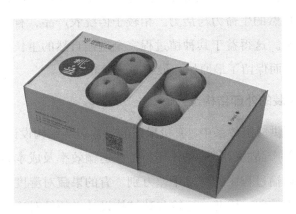

图 5-3-10　一纸成型运输包装盒

（二）运输包装的内部缓冲结构设计

在运输苹果的过程中，对水果的各个单位进行了分隔，以避免相互间的碰撞，从而有效地保障了产品的完好无损（图 5-3-11）。草莓的娇嫩特性使其在运输过程中的保护变得至关重要。因此，我们巧妙地采用了一种独特的缓冲结构，即一纸成型设计（图 5-3-12）。这种设计巧妙地减少了草莓与包装之间的直接接触，从而极大地降低了运输过程中可能产生的摩擦和碰撞，有效地减少了草莓的损耗。而荔枝，作为一种皮薄肉厚的水果，其运输包装的设计则更注重固定与保鲜。针对荔枝的特性，设计了坚固的内部隔层，使每个荔枝都能得到妥善的固定，有效防止了运输过程中的晃动和碰撞。同时，为了满足荔枝的保鲜需求，在密封的桶状包装盒内巧妙地添加了冰块。冰块的存在有效降低了包装盒内的温度，延缓了荔枝的腐败过程。此外，在包装的多处进行打孔，这样既能确保包装盒的透气性，防止荔枝在密封环境中产生过多的水汽，又能防止瓦楞纸箱因水汽而变形（图5-3-13），确保了包装的完整性和稳定性。

图 5-3-11　苹果运输包装结构

图 5-3-12　草莓运输包装结构

图 5-3-13　荔枝运输包装结构

四、运输包装智能化设计

"农夫档案"包装智能回收系统堪称运输包装设计智能化浪潮中的一颗璀璨明珠，它以其创新的方式引领着包装行业进入一个全新的智能纪元，并为环保事业注入了科技的新鲜血液。设计师以其独到的洞察力和创新思维，将物联网智能识别技术与互联网技术巧妙结合，成功缔造了这一具有颠覆性的回收系统。在"农夫档案"系统中，RFID智能标签发挥着连接包装消费使用与回收的关键作用。这一标签如同包装的身份证，记录着其全生命周期的点滴信息。消费者只需轻触手机，便可轻松获取包装的详细资料，包括其材质、生产日期、使用建议等。此外，系统还能根据包装的类型与使用状况，为消费者提供定制化的回收建议，并指引他们找到最近的回收点。这一智能回收系统的出现，极大地激发了消费者的环保意识。消费者开始将包装视为可循环使用的资源，而非一次性消耗品。他们积极参与回收活动，将废弃包装投放到指定回收点，从而实现了包装的循环利用。这不仅减少了包装废弃物的数量，也缓解了环境污染的压力。同时，"农夫档案"系统还构建了一个庞大的回收数据库，通过云管理平台对回收物流体系进行实时监控。这使得回收过程更加透明、高效，并为相关部门提供了宝贵的数据支持，有助于他们更好地优化回收流程。该系统为消费者提供了包装物的材料组成、该材料的回收建议以及周围自动回收机的定位等信息。在这个模式中，消费者、包装物和回收系统形成了一个紧密的循环，实现了包装物的有效循环利用。这种模式的出现不仅加强了消费者与环保行动的联系，还从源头上减少了包装废弃物对环境的压力。展望未来，随着人工智能技术的不断进步，智能系统在包装回收领域的应用将更加广泛和深入，可以颠覆传统的行业规则，使得其更加智能、高效和环保，为可持续发展做出更大贡献。

五、运输包装的可持续再生设计

在当今社会，绿色低碳包装设计已成为不容忽视的焦点。这一理念的崛起，既体现了对环境问题的深刻反思，也是社会可持续发展的必然趋势。绿色低碳包装设计是应对全球环境危机的关键举措。随着工业化的快速发展，环境问题日益严重，资源短缺、生态破坏等问题层出不穷。包装设计作为商品流通和消费者接触的重要环节，其环保性、可持续性自然成为公众关注的焦点。绿色低碳包装设计强调使用可再生、可降解的环保材料，减少包装废弃物对环境的影响，有助于缓解环境压力。现今，物流快递业的包装过剩现象已成为包装废弃物的主要来源，并逐步演变成了一种普遍的环境问题。网络购物所衍生的包装废料数量庞大且种类繁多，对自然资源和生态环境造成了严重的负面影响。为了应对这一挑战，2019年7月1日起，《上海市生活垃圾管理条例》正式开始施行，旨在增强垃圾的再利用价值和经济效益，力求实现资源的最大化利用。在这一背景下，设计师承担起社会责任，通过采用为包装做减法的设计理念、推广可回收材料的使用以及采用生物降解材料等创新理念，有效减少了包装废弃物的产生，展现了他们对现代社会生活质量提升的贡献和努力。

产品包装设计应遵循减量原则，首先确保其基本功能如保护、运输和销售得到满足，然后再根据产品特性和消费者行为增加额外的功能，以促进包装的循环使用。例如，我国设计师团队创造的"点亮中秋"茶叶礼盒便是一个典范（图5-3-14）。该团队意识到市场上常见的茶叶包装在一次性使用后即被丢弃，因此，他们设计的茶叶包装采用可重复使用的玻璃罐，并配备可多次装茶的布袋，旨在减少浪费并提高使用效率。此外，礼盒内附带的小蜡烛还可以作为水灯使用，既增添了新意，又迎合了中国的传统风俗（图5-3-15至图5-3-17）。这种精巧的设计综合考虑了消费者的情怀因素，并且与环境形成统一的和谐画面。随着时间的推移，文化元素必然会在将来的包装设计中焕发出更强大的生命力并得到普及。

图 5-3-14 对白茶舍茶叶礼盒 1

图 5-3-15　对白茶舍茶叶礼盒 2

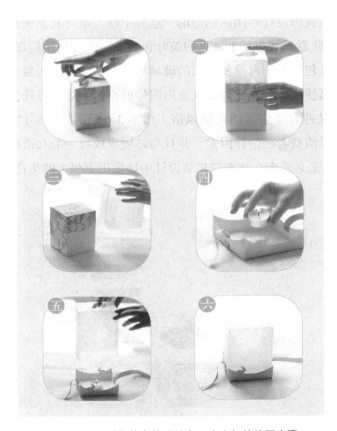

图 5-3-16　对白茶舍茶叶礼盒 2 中水灯的使用步骤

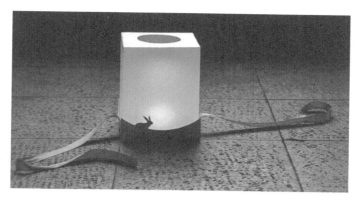

图 5-3-17　对白茶舍茶叶礼盒 2 的水灯示意图

参考文献

[1] 刘曼曼，刘丽坤．包装设计 [M]．北京：中国传媒大学出版社，2022．

[2] 刘雪琴．包装设计教程 [M]．2 版．武汉：华中科技大学出版社，2018．

[3] 彭冲．交互式包装设计 [M]．沈阳：辽宁科学技术出版社，2018．

[4] 张红辉．现代包装设计理念变革与创新设计 [M]．北京：中国纺织出版社，2019．

[5] 周作好．现代包装设计理论与实践 [M]．成都：西南交通大学出版社，2017．

[6] 刘键．多元化视角下的包装设计艺术探究 [M]．北京：新华出版社，2020．

[7] 魏风军．绿色低碳理念下的创新包装设计与应用 [M]．北京：冶金工业出版社，2018．

[8] 魏风军．纸包装结构优化设计研究 [M]．北京：冶金工业出版社，2019．

[9] 王蓓．环境保护下的绿色包装设计研究 [M]．北京：中国原子能出版社，2019．

[10] 王丽．绿色低碳与包装创新设计 [M]．北京：化学工业出版社，2022．

[11] 向艳．绿色包装标准对我国出口贸易企业的影响和应对策略 [J]．标准科学，2023（12）：31–37．

[12] 邓静怡．绿色设计理念下的包装设计探究 [J]．鞋类工艺与设计，2023，3（22）：24–26．

[13] 范猛．食品绿色包装的健康与生态创新研究 [J]．绿色包装，2023（11）：57–60．

[14] 王可心，何雪菲，彭艺璇．区块链赋能快递包装绿色追溯系统构建研究 [J]．价值工程，2023，42（30）：63–66．

[15] 曾健．双碳视角下皮革包装绿色设计理念的融入研究 [J]．皮革与化工，2023，40（5）：37–40．

[16] 方静静，何昊阳．绿色设计理念在食品包装设计中的应用 [J]．中国包装，

2023，43（10）：24-26.

[17] 刘仁凤.绿色设计理念在包装设计中的应用研究 [J].绿色包装，2023（10）：69-72.

[18] 张金荣.绿色数字印刷在现代包装设计中的应用 [J].丝网印刷，2023（19）：93-95.

[19] 聂宇涵.绿色设计理念下竹编工艺在包装设计中的应用策略研究 [J].绿色包装，2023（9）：84-88.

[20] 李华.绿色包装材料与智能技术 [J].现代制造，2023（8）：50.

[21] 文岩.生命周期理论下的绿色包装低碳化设计研究 [D].桂林：广西师范大学，2022.

[22] 徐雅慧.绿色包装可持续设计理念的重要性和普及性延伸研究 [D].沈阳：鲁迅美术学院，2018.

[23] 张海燕.简约化在包装设计中的应用研究 [D].天津：天津科技大学，2017.

[24] 王晓萌.产品包装绿色设计的研究 [D].保定：华北电力大学，2017.

[25] 关烨纬.绿色包装设计对消费者行为的影响 [D].天津：天津工业大学，2017.

[26] 李冰.实行绿色包装设计的探究 [D].石家庄：河北师范大学，2015.

[27] 罗平.乡土元素在绿色包装设计中的运用研究 [D].株洲：湖南工业大学，2014.

[28] 冯琛琛.低碳设计理念下的包装设计在旅游商品中的应用 [D].西安：陕西师范大学，2013.

[29] 葛洪明.竹元素在包装设计中的应用研究 [D].杭州：中国美术学院，2012.

[30] 杨天舒.纸质食品包装的绿色设计研究 [D].西安：西北大学，2010.